云南出版集团
云南美术出版社

图书在版编目（CIP）数据

多彩的中式柴木家具 / 杨文广编著. -- 昆明：云南美术出版社, 2016.8

ISBN 978-7-5489-2463-0

Ⅰ. ①多… Ⅱ. ①杨… Ⅲ. ①木家具－介绍－中国 Ⅳ. ①TS666.2

中国版本图书馆CIP数据核字(2016)第180944号

出 版 人：李　维　刘大伟

责任编辑：肖　超
整体设计：凤　涛
责任校对：孙雨亮　王　鹏

多彩的中式柴木家具
杨文广　编著

出版发行：云南出版集团
　　　　　云南美术出版社
印　制：昆明富新春彩色印务有限公司
开　本：889×1194mm　1/16
印　张：17.25
版　次：2019年2月第1版第1次印刷
印　数：1～1000
书　号：ISBN 978-7-5489-2463-0
定　价：260.00元
电　话：0871-64107562（图贸部）
网　址：http://www.yunart.cn
社　址：云南省昆明市环城西路609号云南新闻出版大楼
（凡出现印装质量问题请联系承印厂调换）

杨文广，男，彝族，1958年4月19日生，云南省漾濞彝族自治县太平乡大村人。云南师范大学经济分析与管理研究生，并于澳门科技大学获得硕士和博士学位。高级职业经理人。1980～1992年在云南省漾濞彝族自治县县委和顺濞乡党委任领导工作。1992～1993年任云南省林业厅直属瑞丽市兴林商号总经理。1993～1995年任国家林业部、国家政府开发银行直属瑞丽市惠盈商号副总经理。1995年至今的二十多年来先后在缅甸瓦城和仰光；老挝沙湾拿吉；越南河内和北宁；中国云南、广西、广东和上海从事高档、珍稀、名贵的红木原材和红木家具的进口、生产、营销及研究。

前言

明清以前，红木和柴木制造的家具区别不大。中国家具的制造最早在商周时期就已有雏形，但在宋代，席地而坐的生活方式已经改变，垂足高坐的生活方式全面确立下来，高型家具逐渐替代低矮家具，家具的形式和品种就已经基本完备。明清两代，由于官办和御用家具多用黄花梨和紫檀制造，家具的材质才明显地出现了等级分化。但柴木家具无疑是更能反映中国家具史，也更接近地气的大众用具，也是研究中国古典家具的活化石或标本。

民间喜欢用软木家具、硬木家具来对家具种类进行划分。硬木家具是指以紫檀、黄花梨家具为代表的红木家具，而软木家具则是指除硬木家具之外的所有木质家具。有人将软木叫做“柴木”，言红木之外的木材不好，只配用来劈柴烧火，其实，软、硬木家具只是一个相对概念。在所谓的软木家具中，有些家具的材质也是非常优秀的。比如柚木、核桃木、榆木、榉木、柞木、黄杨木、楸木、楠木、柏木、香樟木等。

由于收藏热的兴起，有关红木家具的书籍很多，而介绍柴木家具的却寥寥无几。但纵观家具的历史和市场，真正的主角还是柴木制作的日用家具。与红木不同的是，柴木自古就是做家具最常用的木材，因为制作的都是大众化的日用家具，使用范围很大，有时就难免在材质、工艺、经济价值等方面与国标红木制作的家具有差距，但是柴木家具也有很多精品，而且更贴近生活，笔者编写《多彩的中式柴木家具》就是为了发展和弘扬中式柴木家具，普及中式柴木家具知识。

“红木家具”是指用国家标准界定的三十三种红木生产的家具；其他木材生产的家具叫白木家具，白木家具也称为杂木家具或柴木家具。目前家具行业使用的硬木主要靠进口，软木主要为国产。《多彩的中式柴木家具》收录了家具制作行业常用的十六种柴木家具。收录的标准大概有七个方面：一是木种材质为中、上等；二是价格中、上；三是主要为国产树种；四是木色、木纹漂亮；五是古典家具常用；六是目前生产量较大；七是木材储蓄量较多。

中国的家具文化博大精深，笔者即使穷尽毕生精力也未必能研究透彻，故书中不足、不当、不准确之处，望广大读者批评、指教。

2018年6月19日　杨文广于昆明

目录 CONTENTS

第一篇

十六种柴木与柴木家具

第一章

柚木

缅甸瓦城柚木枝干及树冠

中文名：柚木

科名：马鞭草科

属名：柚木属

俗称及别名：泰柚、瓦城柚木、腊戌柚木、老柚木

产地：东南亚的缅甸、老挝、泰国、印度尼西亚和非洲的尼日利亚。

缅甸瓦城柚木主干

○ 形态特征

树 落叶或半落叶大乔木，根部不规则形或扁形，树干通直，高40m左右，胸径1m左右。小枝四棱形，具土黄色星状毛。

皮 树皮暗灰褐色，厚1cm左右，易条状剥离，表皮粗糙。

叶 叶交互对生，厚纸质，倒卵形，椭圆形或圆形，长30~40cm，宽20~40cm，最长可达60~70cm。表面绿色，多数粗糙，主侧脉及网脉于下面凸起，密布星状毛，有紫色小点，幼叶微红色，深浅不一。

花 圆锥花序顶生或腋生，花梗方形；花序阔大，花芳香，花白黄色，秋季开花。

果 核果，近球形，长1.5~2.5cm，直径1.8~2.2cm，内果皮坚硬，内略有蜡质物，常有种子1~2粒，稀有3~4粒。

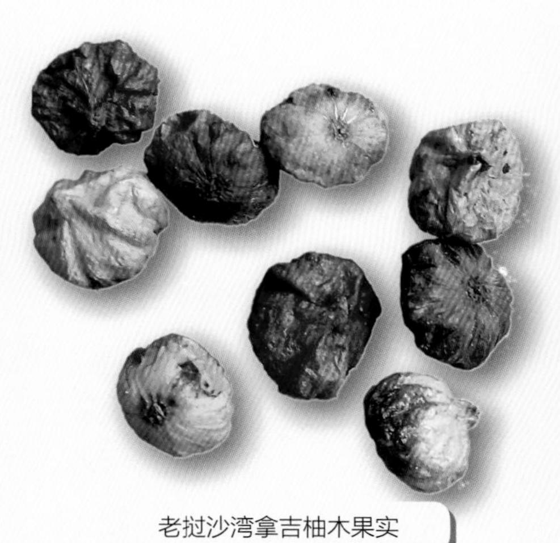

老挝沙湾拿吉柚木果实

缅甸瓦城柚木树花序

缅甸瓦城柚木果实

缅甸瓦城柚木幼叶

印度尼西亚柚木林

缅甸瓦城柚木主干基部

左为缅甸腊戌柚木木材，右为印度尼西亚柚木木材

○ 木材特征

颜色 芯边材区别明显，边材白色，芯材黄白色至黄褐色。

纹路 深褐或栗黑色条纹，纹理颇直。纹路少数有波浪纹和山水纹。上等柚木金黄色中显黄褐至黑褐纹路，密度较大，多数能达到0.60g/cm^{3}以上。缅甸瓦城柚木黄褐至黑褐纹路较多；缅甸腊戌柚木黄褐至黑褐纹路较少，甚至没有。

生长轮 明显。

气味 新切面、截面有较大的辛焦煳味。

气干密度 木材含水率12时，气干密度0.48~0.68g/cm^3。

其他特性 收缩变形极小，不易翘裂，油性极高，手摸板面指上会留下较多的柚木油脂。

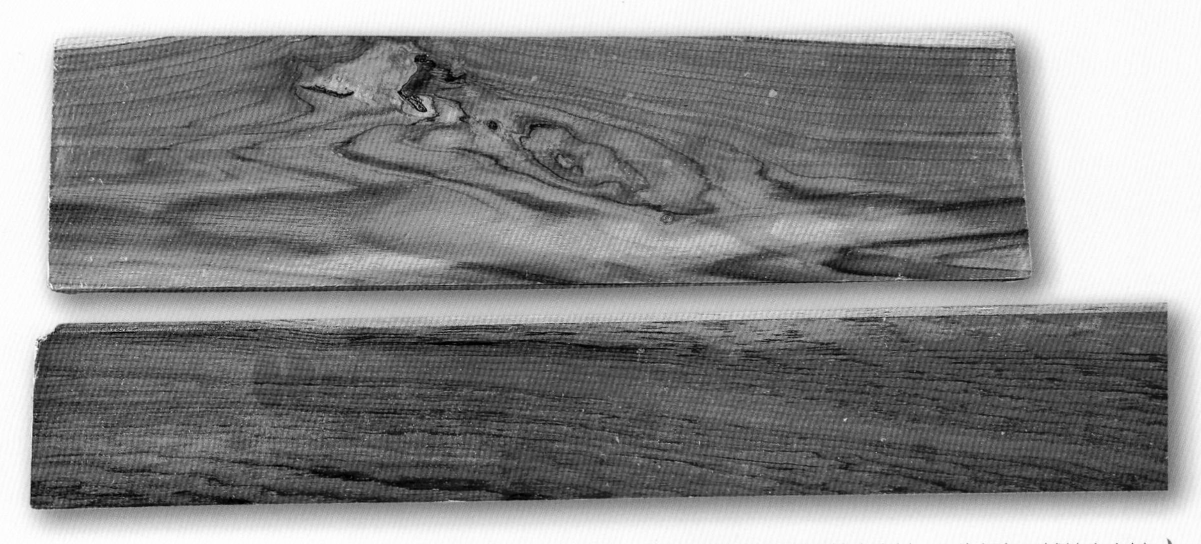

上为非洲尼日利亚柚木木材，下为缅甸瓦城柚木木材

缅甸瓦城柚木木纹

缅甸腊戌柚木木纹

缅甸瓦城柚木毛坯地板料

○ 分布及种类

柚木主要产于缅甸，东南亚的泰国、印度尼西亚、老挝及非洲的尼日利亚也有分布。缅甸的柚木无论数量和木质都是世界公认最好的，被缅甸政府列为“国宝”，素有缅甸“树王”之称。缅甸的柚木按区域可分为两类：一类是下缅甸以瓦城为代表的“瓦城料”，又称“泰柚”。“泰柚”实际上并非来自泰国，泰国近三十年来一直禁止砍伐柚木，从泰国出口的柚木实际上就是缅甸中南部、东南部的转口柚木。另一类是上缅甸以腊戌柚木为代表的“腊戌料”，又称“金柚”。这两类柚木生长的地区、土壤、气候、树龄以及海拔均有差异，从纹路、木色到木质都有差别，价格也悬殊。腊戌柚木也是较好的柚木，比印度尼西亚和尼日利亚柚木好得多。柚木具有极好的防腐性、耐浸泡性，收缩变形极小，油脂较多，有防虫、防酸碱的特性，颜色金黄，有富丽堂皇感。

缅甸瓦城柚木原材

○ 世界上的柚木按品质分为四类

第一类紫柚 主要产自泰国和缅甸交界地区。业内称为“泰柚”或“瓦城柚木”（也叫“瓦城料”），紫柚油性大，黑褐纹路多，木质硬度大，木色深黄褐，是柚木中之极品，切片料售价接近10万元/m^3。

第二类金柚 主要分布在缅甸北部的腊戌、八莫等地。业内称为“金柚”或“腊戌柚木”（也称“腊戌料”），金柚油性大，黑褐纹路少或无，木质硬度大，木色金黄，是柚木中之精品，切片料售价接近8万元/m^3。

第三类白柚 主要产自印度尼西亚。业内称为“白柚”或“印尼柚木”（也称“印尼料”），白柚油性小，黑褐纹路少或无，木质硬度中等，木色白黄，为中等柚木。

第四类糠柚 主要产自非洲尼日利亚地区。业内称为“糠柚”或“尼日利亚柚木”（也称“非洲柚木”），糠柚几乎没有油性，黑褐纹路多，木质较疏松，木色黄白，是最差的柚木，最大的特点是树心中空。尼日利亚柚木原材，最好的也没有云南的红西南桦价格高。

○ 主要用途

市场上有用柚木制作的欧式家具，由于柚木木质相对疏松，密度小、性脆、韧性及硬度不够，直纹抗弯力和抗压力都一般，即便是缅甸的柚木也不适合做精雕细琢的高档家具。现在市场上出现了用非洲尼日利亚柚木制作的欧式家具，有的卖价还超过了中、低档红木家具。黑心商家欺骗性地把非洲柚木称为“老柚木”或“泰柚”，这类家具的木质极差。非洲尼日利亚柚木的木质还没有云南红西南桦的木质好，价格也只是云南红西南桦的一半。

缅甸柚木历经数百年不腐、不开裂、不变形、不变色，非常适宜制作地板、实木门、楼梯和其他家装用材。缅甸柚木呈金黄色带褐色纹路的属于高贵色泽，极富装饰效果，世界上的军舰、豪华游艇的内部装潢主要以缅甸瓦城柚木为主。用柚木做家装，被称为世界上的“顶级装潢”。缅甸柚木硬度适中、收缩小、耐浸泡、有弹性，制作地板较舒适，脚感极好。

○ 药用价值

柚木中含有的芦丁、吉非罗齐和高铁质，对心血管疾病有一定疗效。

缅甸瓦城柚木原材

● 缅甸瓦城柚木镶嵌大理石二龙戏珠沙发七件套

● 目前市场参考价
100000～130000元

缅甸瓦城柚木制作的现代布面沙发五件套，目前市场参考价 16000 ~ 23000 元

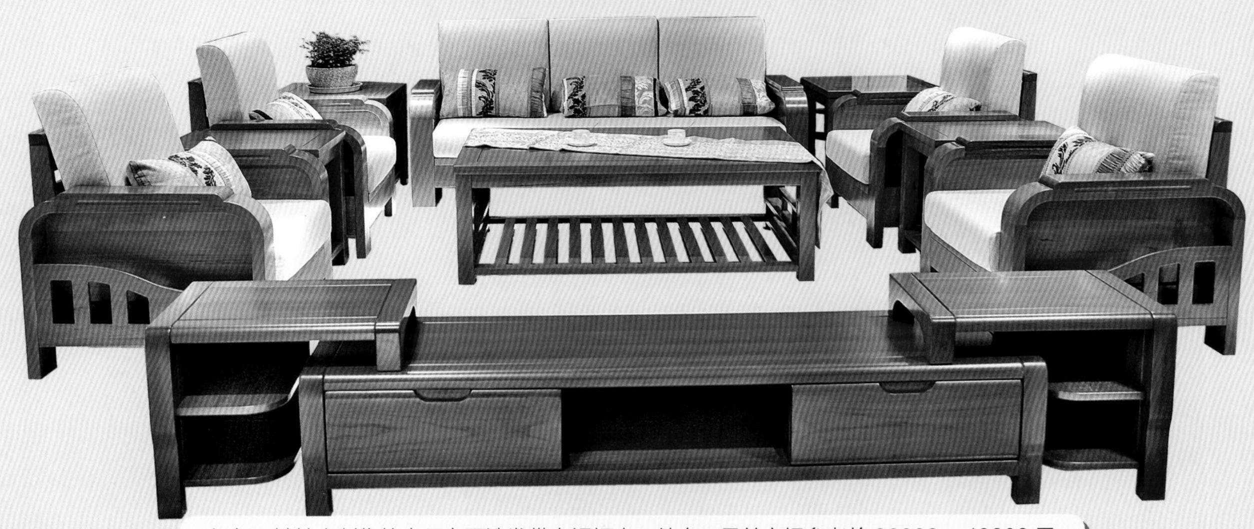

缅甸瓦城柚木制作的客厅布面沙发带电视柜十一件套，目前市场参考价 30000 ~ 40000 元

印度尼西亚柚木制作的欧式牛皮沙发九件套，目前市场参考价 90000 ~ 120000 元

● 缅甸瓦城柚木现代客厅鞋柜一件
● 目前市场参考价 2000～3500元

● 缅甸瓦城柚木现代博古架两件套
● 目前市场参考价 8000～11000元

● 缅甸瓦城柚木现代圆桌带餐边柜八件套
● 目前市场参考价 8500～11000元

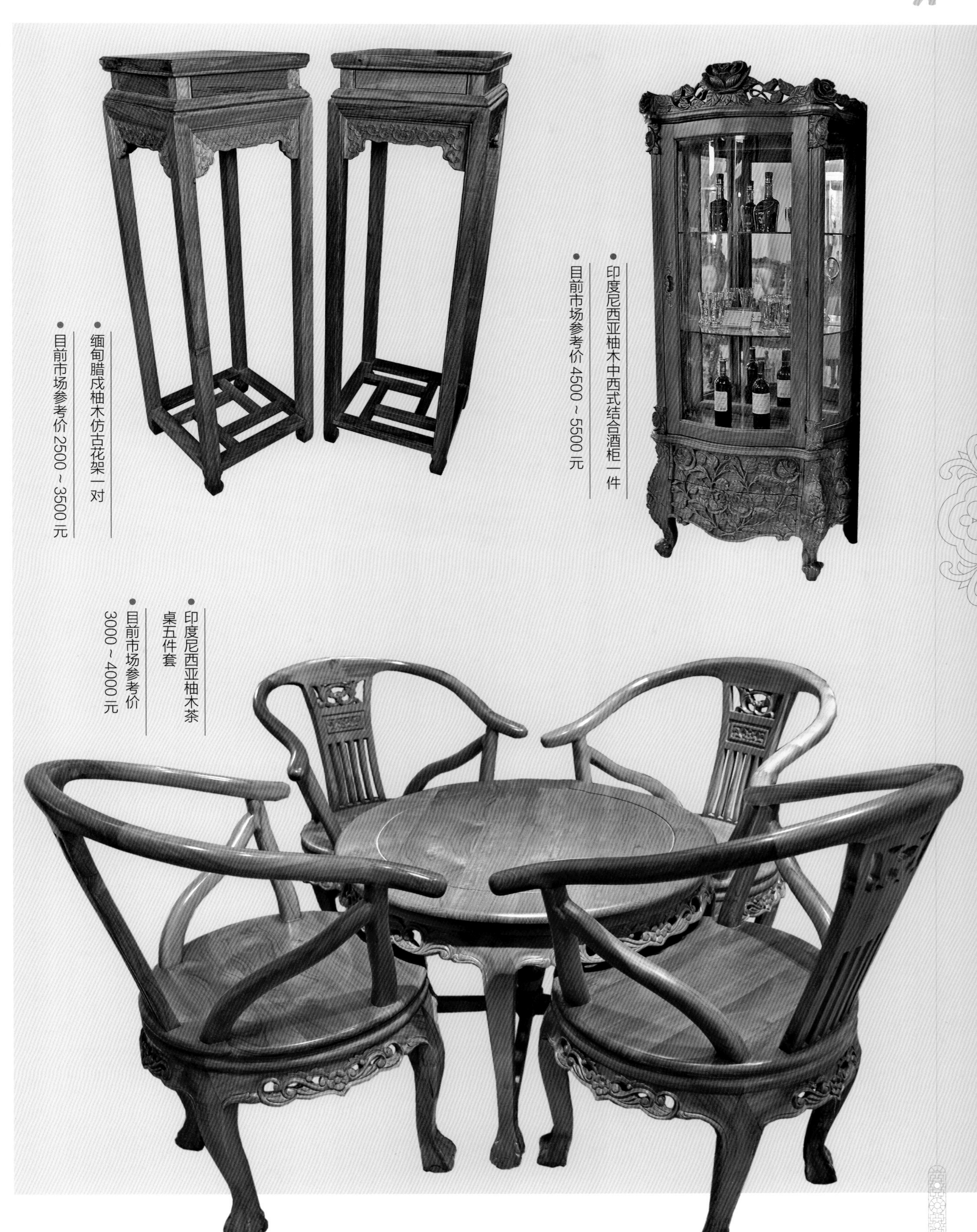

· 缅甸腊戌柚木仿古花架一对
· 目前市场参考价 2500～3500元

· 印度尼西亚柚木中西式结合酒柜一件
· 目前市场参考价 4500～5500元

· 印度尼西亚柚木茶桌五件套
· 目前市场参考价 3000～4000元

印度尼西亚柚木中西式结合牛皮包面大床三件套
目前市场参考价 19000～25000元

印度尼西亚柚木中西式结合大床三件套
目前市场参考价 15000～20000元

● 印度尼西亚柚木中西式结合牛皮包面圆桌七件套
● 目前市场参考价 7000～11000元

● 印度尼西亚柚木中西式结合椭圆桌九件套
● 目前市场参考价 11000～18000元

● 缅甸腊戌柚木衣帽架一件
● 目前市场参考价 2000～3000元

● 缅甸腊戌柚木梳妆台两件
● 目前市场参考价 5000～7000元

● 印度尼西亚柚木梳妆台两件
● 目前市场参考价 4000～6000元

缅甸瓦城柚木现代餐边柜一件
目前市场参考价 4000～6000元

缅甸腊戌柚木书房五件套
目前市场参考价 23000～29000元

缅甸腊戌柚木大床三件套
目前市场参考价 15000～20000元

缅甸腊戌柚木大床三件套
目前市场参考价 15000～20000元

● 缅甸腊戌柚木如意方桌七件套
● 目前市场参考价 8000～10000元

● 缅甸腊戌柚木休闲方桌五件套
● 目前市场参考价 3500～5000元

● 缅甸腊戌柚木客厅仿古组合沙发带电视柜十件套

● 目前市场参考价
45000～58000元

第二章

榆木

云南榆树树冠冬态

中文名：榆木

科名：榆科

属名：榆属

俗称及别名：榆树、春榆、白榆、家榆等

产地：中国东北、华北、西北、西南地区。朝鲜、俄罗斯、蒙古等国也有大面积分布。

北方榆树果实

云南榆树主干

云南榆树枝干

云南榆树树皮

北方榆树叶、树花

○ 形态特征

树 落叶乔木，高达25米，胸径1米，在干瘠之地长成灌木状。小枝无毛或有毛，淡黄灰色、淡褐灰色或灰色，稀淡褐黄色或黄色，有散生皮孔，无膨大的木栓层及凸起的木栓翅。冬芽近球形或卵圆形，芽鳞背面无毛，内层芽鳞的边缘具白色长柔毛。

皮 幼树树皮平滑，灰褐色或浅灰色。大树之皮暗灰色，不规则深纵裂，粗糙。

叶 叶椭圆状卵形、长卵形、椭圆状披针形或卵状披针形，长2~8cm，宽1.5~3cm，先端渐尖或长渐尖，基部偏斜或近对称，一侧楔形至圆，另一侧圆至半心脏形，叶面平滑无毛。叶背幼时有短柔毛，后变无毛或部分脉腋有簇生毛，边缘具重锯齿或单锯齿，侧脉每边9~16条，叶柄长4~10mm，通常仅上面有短柔毛。

花 花黄白色，先叶开放，在去年生枝的叶腋成簇生状，花期3~4月。

果 翅果近圆形，稀倒卵状圆形，长1.2~2cm，除顶端缺口柱头面被毛外，余处无毛，果核部分位于翅果的中部，上端不接近或接近缺口，成熟前后其色与果翅相同，初淡绿色，后白黄色，果期4~5月。

榆树叶背面

榆树挂果枝

榆树叶正面

○ 木材特征

颜色 芯边材区分明显，边材为暗黄色，芯材暗紫灰色。

纹路 深褐或栗黑色条纹，纹理漂亮，通达清晰，刨面光滑，弦面花纹有着近似鸡翅木的花纹。纹路少数有波浪纹和山水纹。木材经整形、雕磨髹漆，可制作精美的雕漆工艺品。

生长轮 明显。

气味 新开料有糖香气味。

气干密度 木材含水率12时，气干密度0.48~0.60g/cm^3。

其他特性 收缩变形极小，不易翘裂。

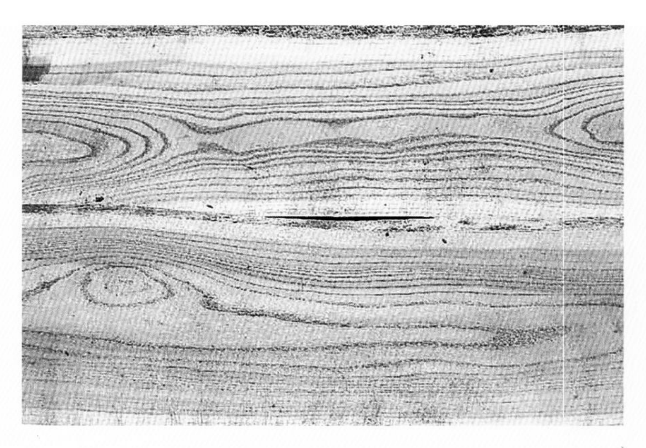

榆木弦切木纹

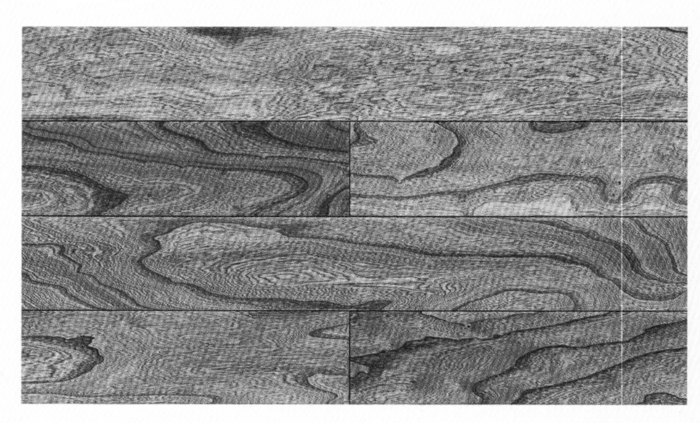

榆木成品地板木纹

榆木成品地板木纹

北方榆木原材

榆木枋材

○ 分布、种类及特点

遍及中国北方各地，尤其在黄河流域随处可见。此外很多国家均有分布。北方榆木与南方产的榉木有“北榆南榉”之称。榆木材幅宽大，质地温润优良，变形率小，雕刻纹饰多以粗犷为主。榆木有白榆、黄榆和紫榆三种。黄榆多见，木料新剖开时呈淡黄，随年代久远颜色逐步加深；而紫榆天然黑紫，色重者近似老红木的颜色。北方家具以榆木为最大宗，山西、山东、河北、河南等古典家具大省随处可见榆木家具的踪迹，有打蜡，也有上漆的。榆木以俄罗斯老榆木（即紫榆）最为经典，具有纹理清晰、树大结疤少的优点，是制作家具的名贵材质。目前榆木主要依赖进口，并且资源越来越少，价格逐年上涨。

○ 主要用途

榆木木材主要用于制作家具、农具、器具、桥梁、建筑、工艺品等。榆木树干通直，树形高大，绿荫较浓，适应性强，生长快，是城市绿化、行道树、庭荫树、工厂绿化、营造防护林的重要树种。榆木枝皮纤维坚韧，可代麻制作绳索、麻袋或作为人造棉与造纸原料。老果含油25%以上，可供医药和轻、化工业用。

○ 食用价值

榆树的嫩果和幼叶可作食用或作饲料。有文献记载，在19世纪中期挪威大饥荒时，挪威农民以水灼熟榆树树干来充饥。树皮内含淀粉及黏性物，磨成粉称榆皮面，可食用。树皮也是做醋的原料。

○ 药用价值

果实、树皮、叶、根皆可入药。采摘未成熟的翅果，去杂质晒干。剥下树皮晒干，或夏秋剥下树皮，去粗皮层晒干或鲜用。叶，夏秋采摘，晒干或鲜用。根皮秋季采收。

主治功能：安神健脾，利小便，治体虚浮肿，用于神经衰弱、失眠、食欲不振、白带多等。

○ 榆木和榆木家具简介

榆木木质硬度适中，木性坚韧，木材纹理通直、清晰，花纹漂亮，色泽美观大方，木材弹性好、耐湿、耐腐。气干密度达0.68g/cm^3左右，易烘干，不易变形开裂，一般透雕浮雕均能适应，刨面光滑，弦切面有“鸡翅木”一样的花纹，适用于制作高级家具、橱柜、雕漆家具。老榆木还是上等的装修材料。如多用一些自然老榆木、仿古砖、粗糙的红砖等材料来组合装饰，空间更显朴实，有自然的田园气息。榆木是重要的柴木家具用材和家装用材。榆木经烘干、整形、雕磨髹漆，还可以制作精美的雕漆工艺品。

目前市场参考价每立方原材约2500~3000元左右。

仿古榆木圈椅茶桌五件套，目前市场参考价 3000 ~ 4000 元

• 现代榆木电视柜一件
• 目前市场参考价 2500 ~ 3500 元

● 现代榆木沙发四件套
● 目前市场参考价 8000～9500元

榆木木材的特征，芯边材区别明显，边材窄，暗黄色，芯材暗紫灰色，材质中硬，直纹抗压、抗弯强度较高，非常适宜制作家具。在北方，明清时期的柴木古典家具中榆木家具现存量不少，可见榆木材质的稳定性较好。榆木家具制作年代跨度较大，从明早期至清晚期从未停止生产，其演变过程、地域特点都非常清晰。早期的榆木家具以供奉家具为主，比如贡桌、条案，形制古拙，多陈设在寺庙、家祠等处，因而才能保留至今。就其历史而言，自从有了家具的时代开始，便有了榆木家具。榆木家具所代表的不仅是一种传统，更是一种文化、一种品位、一种格调。所以，榆木家具逐渐被越来越多的藏家收藏。

明清榆木家具保留了收分有致、不虚饰、不夸张、不越礼、方方正正、方中带圆、自然得体、挺拔秀丽、刚柔相济的诸多造型风格。在结构上，古典榆木家具不用一颗铁钉，完全靠合理的榫卯相连接，能很好地抵御南方的潮湿和北方的干燥。榆木通达清楚的自然纹理就像重山叠翠的远山图，或是碧湖面上泛起的层层涟漪，使用它，有仿佛置身重山碧水之中的意境。

● 现代布面榆木沙发四件套
● 目前市场参考价 8000 ~ 9500 元

● 现代榆木大床五件套
● 目前市场参考价 6500 ~ 8500 元

现代榆木博古架一件

目前市场参考价 2800～3800元

● 现代榆木大床四件套
● 目前市场参考价 6500～8500元

● 现代榆木卧室九件套
● 目前市场参考价 10500～13000元

仿古榆木圆桌五件套
目前市场参考价 4500～5500元

现代榆木酒柜一组
目前市场参考价 3500～5000元

仿古榆木翘头案一件
目前市场参考价 2500～3000元

仿古榆木翘头两联橱柜一件
目前市场参考价 2000～3000元

现代布面榆木客厅组合沙发六件套
目前市场参考价 9500～13000元

第三章 核桃木

云南漾濞县太平乡大村野生核桃树枝干

中文名：核桃木

科名：胡桃科

属名：核桃属

俗称及别名：胡桃木、万岁子、长寿果等

产地：西南地区的云南、四川、贵州及西北的陕西、新疆等大部分地区。

云南漾濞县太平乡泡核桃树枝干

○ **形态特征**

树 落叶大乔木，树高20~30m，胸径0.8~1.5m。树干凸凹弯曲，广伞状枝叶，枝杈多，大枝多。

皮 树外皮较粗糙，灰黑色，树皮厚，易大条状剥离，平行深纵裂，内皮黄褐色，石细胞层状排列，韧皮纤维发达、柔韧，易层状分离。

叶 奇数羽状复叶，叶片较薄，长椭圆形，小叶宽5~6cm，长10~14cm，叶柄长30~35cm。

花 花绿色，长条形，长10~15cm，花期3~4月。

果 近球状，种子可食用，有较高营养价值。

云南漾濞县太平乡野生核桃树主干

云南漾濞县太平乡野生核桃树皮

云南漾濞县太平乡泡核桃树主干

云南漾濞县太平乡泡核桃树林冬态

云南漾濞县太平乡野生核桃树叶

○ 木材特征

颜色 边材白黄色至黄褐色，芯材栗褐色，稀紫色，芯边材区别明显。

纹路 深褐或栗黑色纹理，纹路颇直，间带有黄褐色条纹，稀波浪纹、虎皮纹和山水纹，纹路极漂亮。野生核桃木色更浅淡。

生长轮 明显。

气味 新切面、截面有较大的辛辣味。

气干密度 芯材含水率12时，气干密度0.55~0.65g/cm^3。

其他特性 芯材收缩变形中，易翘裂，易变形，木材轻。材质中硬，有韧性，木色匀称，边材、中材、芯材区别大，刨光有光泽。

○ 木材用途

属珍贵商品材，用于制作枪托，中、高档家具，室内装饰等。核桃木家具在明清柴木家具中所占比率最高。

○ 核桃营养成分

核桃是有利于强身健体的食品。据测定，每100克核桃中，含脂肪50~64克，核桃中的脂肪71%为亚油酸，12%为亚麻酸，蛋白质为15~20克且为优质蛋白，核桃中脂肪和蛋白质是健脑最好的营养物质之一。含糖类为10克，还含有钙、磷、铁、胡萝卜素、核黄素（维生素B_2）、维生素B_6、维生素E、胡桃叶醌、磷脂、鞣质等营养物质。

云南漾濞县太平乡泡核桃树花序

云南漾濞县太平乡野生核桃果实

野生核桃木成品家具面板木纹

野生核桃木弦切面木纹

○ 药用价值

核桃的药用价值很高，《神农本草经》将核桃列为久服轻身益气、延年益寿的上品。唐代孟诜著《食疗本草》中记述，吃核桃仁可以开胃，通润血脉，使骨肉细腻。宋代刘翰、马志等编著《开宝本草》中记述，核桃仁“食之令肥健，润肌，黑须发，多食利小水，去五痔。”明代李时珍著《本草纲目》记述，核桃仁有“补气养血、润燥化痰、益命门、处三焦、温肺润肠、治虚寒喘咳、腰脚疼痛、心腹疝痛、血痢肠风”等功效。中医学认为核桃性温、味甘、无毒，有健胃、补血、润肺、养神等功效。现代医学研究认为，核桃中的磷脂，对脑神经有很好的保健作用。核桃油含有不饱和脂肪酸，有防治动脉硬化的功效。核桃仁中含有锌、锰、铬等人体不可缺少的微量元素。人体在衰老过程中锌、锰含量日渐降低，铬有促进葡萄糖利用、胆固醇代谢和保护心血管的功能。核桃仁的止咳平喘作用也十分明显，冬季，对慢性气管炎和哮喘病患者疗效极佳。可见经常食用核桃，既能强身健体，又能抗衰老。

野生核桃板枋材

● 核桃木现代书房九件套
● 目前市场参考价 15000～20000元

● 核桃木现代电视柜一件
● 目前市场参考价 1000～2500元

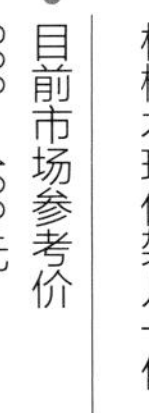

● 核桃木现代架几一件
● 目前市场参考价300～400元

● 核桃木现代餐边柜一件
● 目前市场参考价1100～1300元

● 核桃木现代六斗柜一件
● 目前市场参考价2200～2800元

● 核桃木现代梳妆镜一件
● 目前市场参考价500～700元

● 核桃木现代衣架一件
● 目前市场参考价500～700元

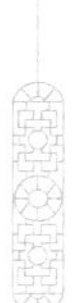

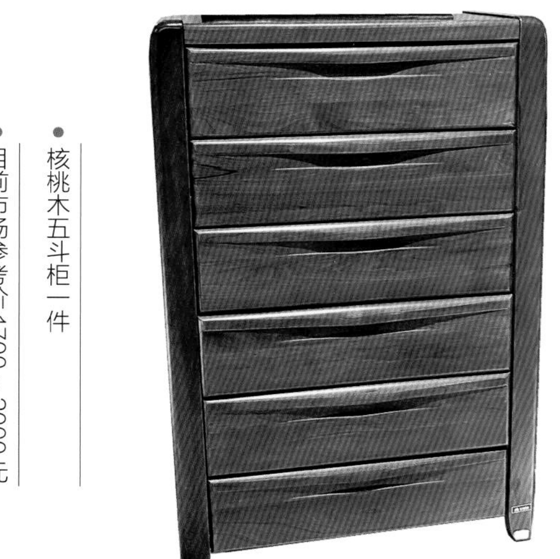

● 核桃木五斗柜一件

● 目前市场参考价 1700～2000元

● 核桃木现代酒柜一件

● 目前市场参考价 2000～3000元

● 核桃木现代逍遥椅一件

● 目前市场参考价 800～1200元

● 核桃木现代牛皮沙发六件套

● 目前市场参考价 10500～15000元

● 核桃木现代休闲椅三件套
● 目前市场参考价 1000～1300元

● 核桃木现代休闲椅三件套
● 目前市场参考价 1000～1300元

● 核桃木现代电视柜一件
● 目前市场参考价 1500～2500元

核桃木现代书房七件套

目前市场参考价 12000～16000元

● 核桃木现代大床三件套
● 目前市场参考价 6000 ~ 7000 元

● 核桃木现代梳妆台二件套
● 目前市场参考价 2000 ~ 3000 元

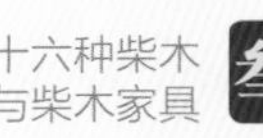

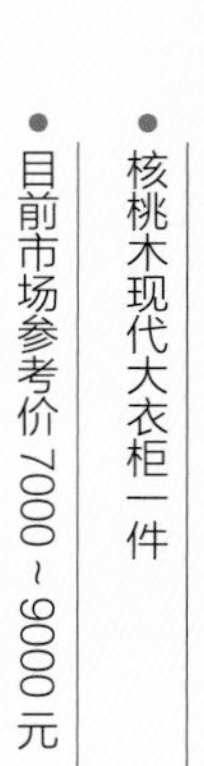

● 核桃木现代大衣柜一件

● 目前市场参考价 7000 ~ 9000元

● 核桃木现代大衣柜一件

● 目前市场参考价 7000 ~ 9000元

● 核桃木现代大床三件套

● 目前市场参考价 6000 ~ 7000元

● 核桃木现代博古架一件
● 目前市场参考价 3800～4800元

第四章 楠木

中文名： 楠木

科名： 樟科

属名： 楠属

俗称及别名： 金丝楠、黑心楠、黄心楠、白心楠、金丝柚、黑心木莲、桢楠

产地： 缅甸北部、老挝北部，中国西南诸省均有分布

云南盈江金丝楠树干

云南盈江金丝楠枝干及树冠

缅甸眉苗黑心楠树干

桢楠树干

缅甸眉苗黑心楠树林

缅甸眉苗黑心楠主干基部

缅甸眉苗黑心楠树叶正面

缅甸眉苗黑心楠树叶背面

○ 形态特征

树 常绿大乔木，高可达30m，直径1.5m，树干有弯有直，主干高15m。幼枝有棱，被黄褐色或灰褐色柔毛，两年生枝黑褐色，无毛。

皮 树皮中厚，外皮灰褐色，不规则浅裂，呈碎片块状脱落，皮孔圆形，内皮黄褐色。

叶 叶革质，长圆状倒披针形或窄椭圆形，长5~11cm，宽1.5~4cm，先端渐尖，呈镰状，基部楔形，光亮无毛或沿中脉下半部有柔毛，侧脉约14对。叶柄纤细，初被黄褐色柔毛。

花 聚伞状圆锥花序腋生，被短柔毛；花被裂片6枚，椭圆形，近等大，两面被柔毛；发育雄蕊9枚，被柔毛，花药4室，第3轮的花丝基部各具1对无柄腺体，退化雄蕊长约1mm，被柔毛，三角形；雌蕊无毛，长2mm，子房近球形，花柱约与子房等长，柱头膨大。花期5~6月。

果 果序被毛；核果椭圆形或椭圆状卵圆形，成熟时黑色，花被裂片宿存，紧贴果实基部。果期10~12月。

云南盈江金丝楠主干基部

桢楠主干基部

桢楠树叶正面

云南盈江金丝楠嫩树叶和老树叶正面

桢楠树叶背面

云南盈江金丝楠嫩树叶和老树叶背面

缅甸眉苗黑心楠原材

○ 木材特征

颜色 芯边材区别明显，边材白色，芯材黄色至黄褐色。

纹路 深褐或栗黑色条纹，纹理直或交错，板面漂亮，直纹路多。

生长轮 明显。

气味 微芳香味。

气干密度 木材含水率12时，气干密度0.48~0.68g/cm³。

上上品黑心楠木纹（非常罕见的立体瘤影纹）

普通黑心楠木纹

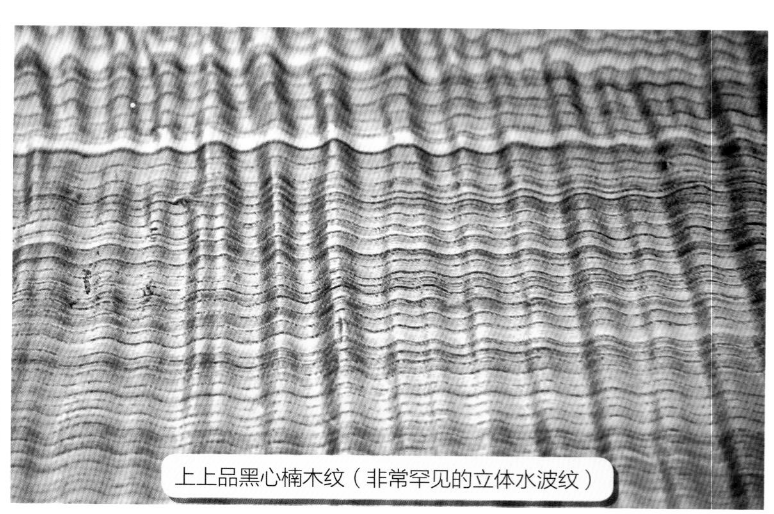

上上品黑心楠木纹（非常罕见的立体水波纹）

其他特性 楠木是中国较多见的、驰名中外的珍贵用材树种。楠木又是濒危树种，国家Ⅱ级重点保护野生植物（国务院1999年8月4日批准）。楠木板材收缩变形小，不易翘裂，无油性。结构甚细、均匀，重量、硬度、强度为中等。云南、四川有天然分布，是组成常绿阔叶林的主要树种。由于历代砍伐利用，致使这一丰富的森林资源近于枯竭。现存多系人工栽培的半自然林和风景保护林，在庙宇、公园、庭院等处尚有少量的大树，但病虫危害较严重，也相继衰亡。黑心楠材质优良，用途广泛，是楠木属中经济价值较高的一种，又是著名的庭园观赏和城市绿化树种。相比红木来说，楠木只是一种中档木材，其色浅褐黄，纹理淡雅，质地温润柔和，收缩性小，潮湿时会散发出阵阵幽香。在南方诸省均有出产，明代宫廷曾大量伐用，现北京故宫和天安门以及很多上乘古建筑多用楠木构筑。

上上品黑心楠木纹（非常罕见的立体瘤影纹）

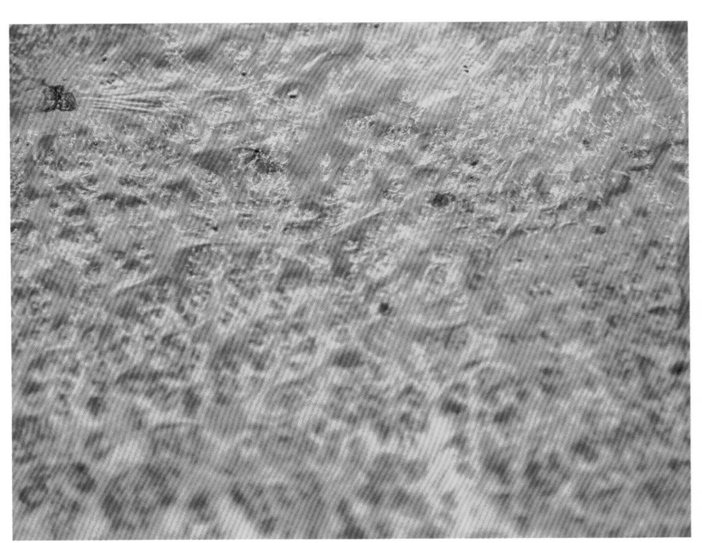

上上品金丝楠木纹（非常罕见的整木立体瘤影纹）

上品金丝楠木纹（难得的虎皮纹、水波纹）

○ 楠木种类

通常业内习惯把楠木分为香楠、金丝楠和水楠三种。《博物要览》载："楠木有三种，一曰香楠，又名紫楠；二曰金丝楠；三曰水楠。南方者多香楠，木微紫而清香，纹美。金丝者出川涧中，木纹有金丝。楠木之至美者，向阳处或结成人物山水之纹。水楠木质甚松，如水杨之类，唯可做桌凳之类。"楠木木材优良，具芳香气，硬度适中，弹性好，易于加工，很少开裂和反翘，为建筑、家具等的珍贵用材。古代传说楠木水不能浸，蚁不能穴，南方人多用作棺木或牌匾，古代宫殿及重要建筑之栋梁必用楠木。楠木木材和枝叶含芳香油，蒸馏可得楠木油，是高级香料。该树种为高大乔木，树干通直，叶终年不凋，为很好的绿化树种。木材有香气，木纹多样而结构细密，不易变形和开裂，为建筑、中等级家具常用木材。但是，笔者经过多年的研究发现，以上三种分类有缺陷。全世界楠木树种近两百种，按以上三种标准很难分辨。

楠木如果按木材颜色可分为三类，即黑心楠、黄心楠和白心楠。目前市场上常见的黑褐色的楠木主要是黑心楠；黄色的楠木主要是金丝楠；白色的楠木主要是桢南。楠木树种相当多，俗称也很多。通常黑心楠也叫黑心木莲；黄心楠也叫黄心木莲；白心楠也叫白心木莲。黑心楠和金丝楠是楠木中的上品。黑心楠的木色、木纹非常似柚木，珠江三角洲和长江三角洲俗称金丝柚木。世界上现有最好的黑心楠和金丝楠来自缅甸北部靠近我国云南省瑞丽、陇川和盈江一带，树龄皆在300年以上，百分之三十以上有水波纹、虎皮纹、山水纹和立体瘤影纹，是楠木中的极品。

○ 用途

楠木木质中硬，耐腐，寿命长，用途广泛。属一类商品材，适用于建筑、中等级家具、船舶、车厢、室内装饰、胶合板、军工用材等。

普通金丝楠原木

普通金丝楠原木

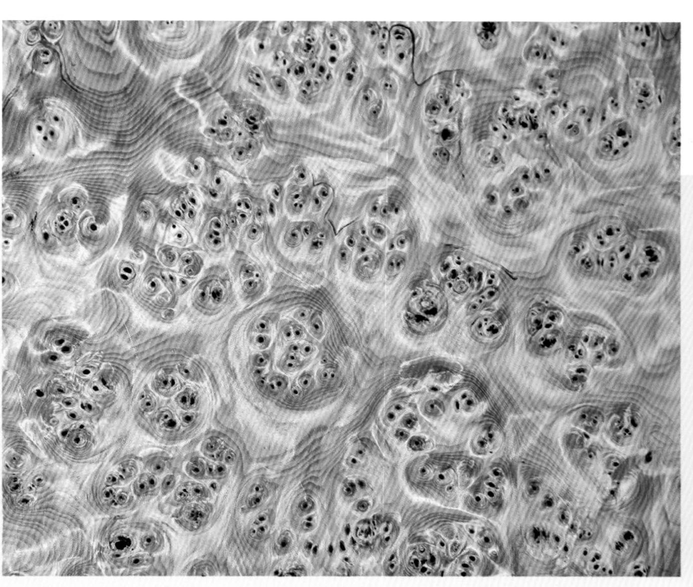
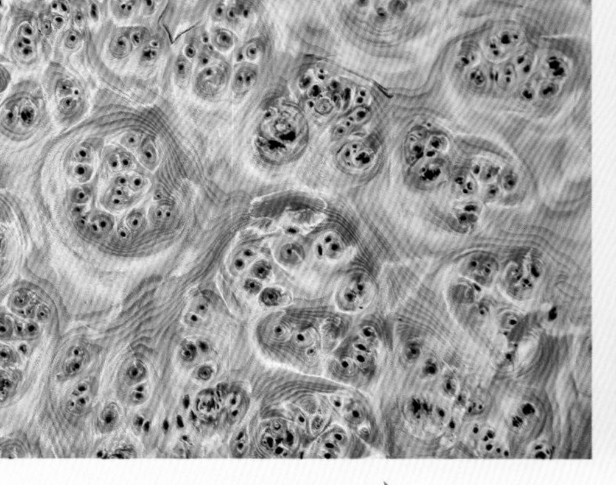

上品浅黄白相间色桢楠木纹

上品桢楠木纹

- 普通黑心楠博古架一件
- 目前市场参考价 2800～3600元

● 普通黑心楠大床三件套
● 目前市场参考价
7000～9000元

● 普通黑心楠餐边柜一件
● 目前市场参考价
1000～1600元

● 普通黑心楠五斗柜一件
● 目前市场参考价
2000～3300元

● 普通黑心楠客厅组合家具七件套
● 目前市场参考价
13000～16000元

● 普通黑心楠罗汉床二件套
● 目前市场参考价
6000～8000元

● 乌木镶嵌上品金丝楠面板现代仿古方桌七件套

● 目前市场参考价 33000～42000元

● 乌木镶嵌上品金丝楠面板大官帽椅三件套

● 目前市场参考价 18000～25000元

● 普通桢楠现代仿古沙发二十二件套

● 目前市场参考价 46000～58000元

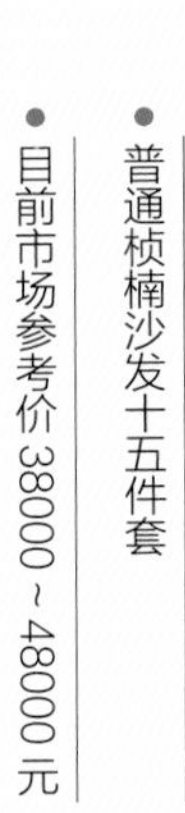

● 普通桢楠沙发十五件套

● 目前市场参考价 38000～48000元

第五章

楸木

楸木枝干及树冠

楸木树干

中文名： 楸木

科名： 紫葳科

属名： 梓属

俗称及别名： 楸树、木王、梓木、梓桐、金丝楸、水桐

产地： 分布于我国河北、河南、山东、山西、陕西、甘肃、江苏、浙江、湖南、广西、贵州和云南等地区

楸木树皮

楸木花

楸木主干基部

楸木主干基部

楸木树叶背面

楸木树叶正面

楸木花序

○ 形态特征

树 落叶乔木，高8~12m，是一种濒危的优质名贵用材树种，特别珍稀。一般成材树在60~80年。

皮 树皮中厚，外皮灰褐色，不规则浅裂，呈碎片块状脱落，皮孔圆形，内皮黄褐色。

叶 叶三角状卵形或卵状长圆形，长13~23cm，宽8~13cm，顶端长渐尖，基部楔形、阔楔形或心形，有的基部具有1~2齿，叶面深绿色，叶背无毛，叶柄长3~9cm。

花 顶生圆锥花序，有花2~12朵。花萼蕾时圆球形。花冠淡红色，内面有2黄色条纹及暗紫色斑点，长3~3.5cm。花期4~5月。

果 蒴果线形，长25~45cm，宽约6mm。种子狭长椭圆形，长约1cm，宽约2cm，两端生长毛。果期6~10月。

古典楸木家具木纹

楸木木材新弦切面

○ 木材特征

颜色 芯边材区别不明显，边材白色，芯材茶水黄色至褐黄色。

纹路 深褐或栗黑色条纹，纹理多，板面漂亮，直纹路较多。

生长轮 明显。

气味 制作成家具后没有明显气味。

气干密度 木材含水率12时，气干密度0.45~0.59g/cm^3。

楸木种子

其他特性 楸木是中国珍贵的用材树种之一，其材质好、用途广、经济价值高，居百木之首。楸木为环孔材，早材窄，晚材宽，年轮清晰。芯材中含有浸填体。木材密度0.45~0.59g/cm^3，同楠木差不多。楸木属阔叶树中的高级材种，拉力强度中等；直纹抗压、抗弯强度极大，超过多数针、阔叶树种；抗冲击韧性较高，列柴木之前茅。楸木具有许多构造上的特点和优良特性：树干直，结疤少，材性好，纹理通直，花纹漂亮，质地坚韧致密，坚固耐用，绝缘性能好，耐水湿，耐腐，不易虫蛀，加工容易，切面光滑，钉着力中等，油漆和胶粘力好。

○ 种类

楸木原产我国，分布于东起海滨、西至甘肃、南达云南、北到长城的广大区域内。分布区域广，生长环境千差万别，木材材质差别很大。以木色划分，常见的主要有白楸木、黄楸木和灰楸木三类，上等的是黄楸木。黄楸木也并非纯黄色，而是黄中带褐的黄褐色楸木。

○ 用途

楸木的树木形态和木材特点与缅甸柚木近似。木材软硬适中，重量中等，具有干缩率小、刨面光滑、耐磨性强的物理性能和力学性能，结构略粗。颜色、花纹漂亮，富有韧性，干燥时不易翘曲。加工性能良好，胶接、涂饰、着色性能较好。质地坚韧致密、细腻。楸木木材用途广泛，被国家列为重要材种，经常用来加工特种产品，如用于枪托、模型、船舶、车厢、乐器、工艺品、文化体育用品等，楸木还是人造板中很好的贴面板和家装装潢材料。

楸木树干挺拔，楸树花淡红素雅，自古以来楸树就广泛栽植于皇宫庭院、胜景名园之中，如北京的故宫、北海、颐和园、大觉寺等游览圣地和名寺古刹，到处可见百年以上的古楸树苍劲挺拔的风姿。同属用于绿化的树种还有密毛灰楸、灰楸、三裂楸、光叶楸等。

○ 药用价值

楸木树叶、树皮、种子均为中草药，有收敛止血、祛湿止痛之效。种子含有枸橼酸和碱盐，是治疗肾脏病、湿性腹膜炎、外肿性脚气病的良药。根、皮煮汤汁，外部涂洗治瘘疮及多种肿毒。

楸木叶含有丰富的营养成分，嫩叶可食，花可炒菜或提炼芳香油。明代鲍山《野菜博录》中记载：食法，采花炸熟，油盐调食。或晒干炸食、炒食皆可。也可做饲料。宋代苏轼《格致粗谈》记述：桐梓二树，花叶饲猪，立即肥大，且易养。

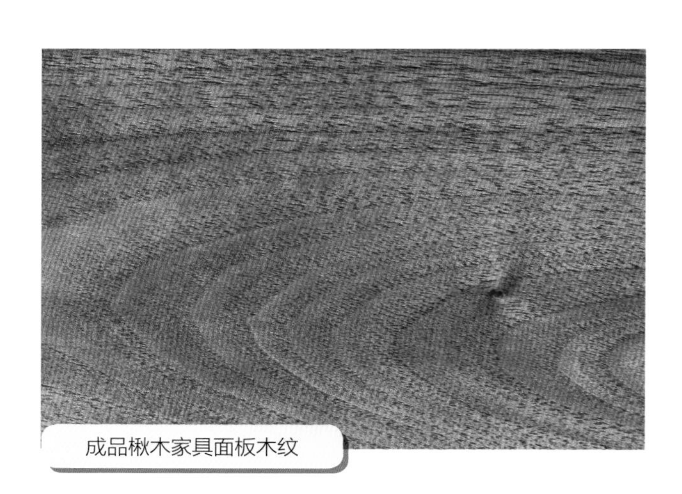

成品楸木家具面板木纹

楸木原材

楸木现代沙发五件套，目前市场参考价 13000 ~ 18000 元

○ 楸木简介

楸木是我国较为古老的树种之一。 2600多年前，我们的祖先就开始利用楸木，并把楸树、梓树等优良用材树种与漆树等经济树种相提并论。古人认识到楸木材质好、用途广，居百木之首。古代印刷刻版非楸、梓木而不能用，因此书籍出版就叫“付梓”。楸木在古代作为主要用材树种，栽植相当普遍。在历史学家司马迁所著《史记 · 货殖传》中记载:“淮北、常山以南，河济之间千树楸，此其人皆与千户侯等。”说明在汉代人们不仅大面积栽培楸木，并能从楸木经营中得到巨额收入，拥有一千株楸树的人家，其收入可抵掌管一方百姓的千户侯 。古时人们还有栽楸木作为财产继承给子孙后代的习惯。南宋朱熹曰:“桑、梓二木，古者，五亩之宅，树之墙下，以遗子孙，给蚕食，供器用也。”

楸木素以树体高大、树姿优美、材质优良、用途广泛而深受喜爱。楸木根系发达，固土能力强，抗风力强，耐寒耐旱，是防风固沙、保护农田的优良树种。楸木现在已较稀少，是一种濒临绝种的优质名贵树木。由于楸木的生长较慢，一般成材树要60~80年，材质好、价格高及人们择优采伐的结果，是造成了近几十年来楸木资源急剧下降，濒临枯竭。

楸木质地坚韧，软硬适中，具有不翘裂、变形小、无异味、易加工、易干燥、易雕刻、绝缘性能好等特点，还有不易虫蛀、耐磨、耐腐、隔潮、导音等优点，是广泛应用于建筑、家具、造船、雕刻、乐器、工艺、军工等方面的优质木材。

楸木资源极少，自古就有“木王”之称，民间极少有机会使用，多用于制作高档乐器和军工用品(如枪托)，实为珍贵优质的家具用材，随着世界木材资源的日渐匮乏，楸木家具的收藏价值与日俱增。在家具市场用材中楸木木材奇缺，成为木材市场上的紧俏商品，锯材每立方米价格高达12000元以上，大口径可以做面板的原材每立方米价格高达10000元以上，相当于一般柴木木材价格的2~3倍。

楸木上色现代仿古架子床一组
目前市场参考价 23000～30000元

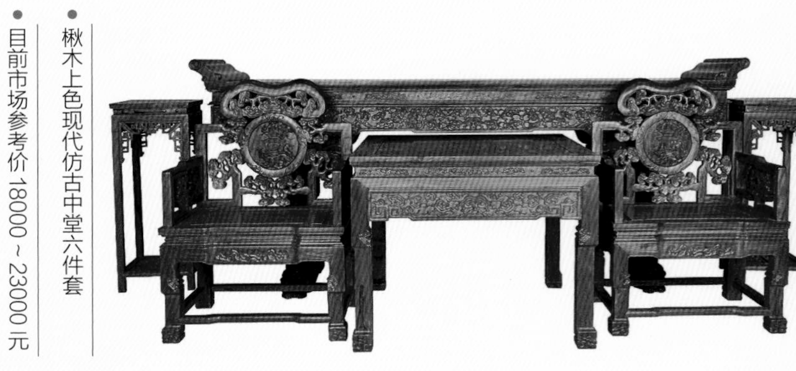

楸木上色现代仿古中堂六件套
目前市场参考价 18000～23000元

楸木上色现代仿古茶桌五件套
目前市场参考价 9000～12000元

楸木上色现代卧室组合家具五件套，目前市场参考价 13000～17000 元

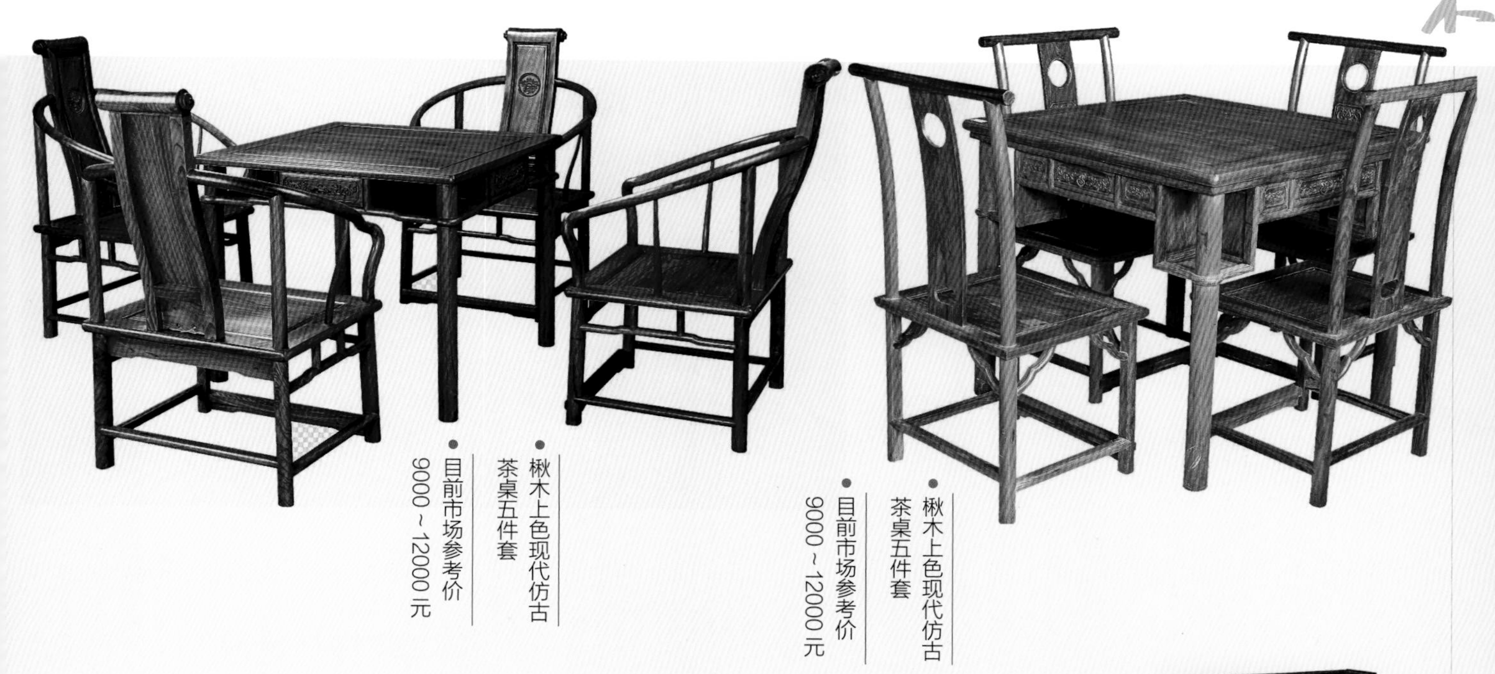

● 楸木上色现代仿古茶桌五件套
● 目前市场参考价9000~12000元

● 楸木上色现代仿古茶桌五件套
● 目前市场参考价9000~12000元

● 楸木现代大床三件套
● 目前市场参考价12000~16000元

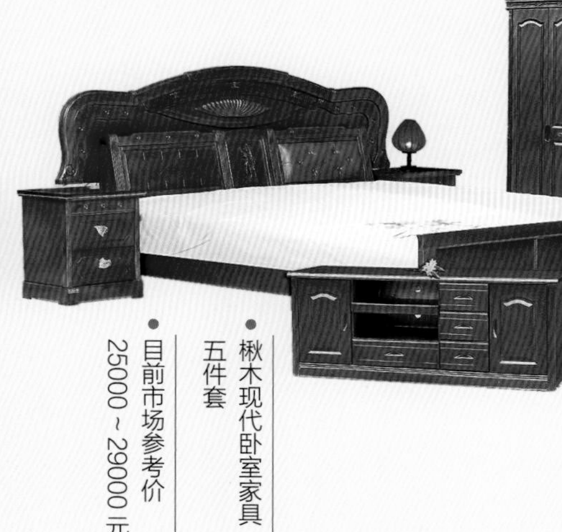

● 楸木现代卧室家具五件套
● 目前市场参考价25000~29000元

● 楸木中西结合式梳妆台
● 目前市场参考价6000~8000元

● 楸木现代酒柜一件
● 目前市场参考价9500~12500元

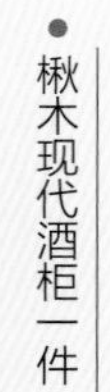

● 楸木现代酒柜一件
● 目前市场参考价9500~12500元

第六章

榉木

榉木树干

榉树主干基部

中文名：榉木

科名：榆科

属名：榉属

俗称及别名：大叶榉、椐木、椇木、南榆

产地：亚洲主要分布在我国江苏、浙江和安徽等地区，云南和广西也有少量分布。

○ 形态特征

树 为落叶乔木，树高30m左右，胸径1m左右，树干直而圆。

皮 树皮坚硬，灰褐色，有粗皱裂、小突起和胶质沉积物。老龄榉木树皮似鳞片般脱落。

叶 枝细，叶互生，排为两列，椭圆状卵形，叶质稍薄，单锯齿，羽状脉，幼时有毛，叶柄甚短。

花 春天开淡黄色小花，单性，雌雄同株。

果 花后结呈斜卵状圆锥形的小果实。

○ 木材特征

颜色 芯边材区别不明显，边材白色，芯材白黄色。

纹路 纹理颇直，浅色纹路。

生长轮 明显。

气味 有微香或无明显气味。

气干密度 木材含水率12时，气干密度0.45~0.67g/cm^3。

其他特性 收缩变形中，易翘裂，无油性，直纹抗压、抗弯强度中等。

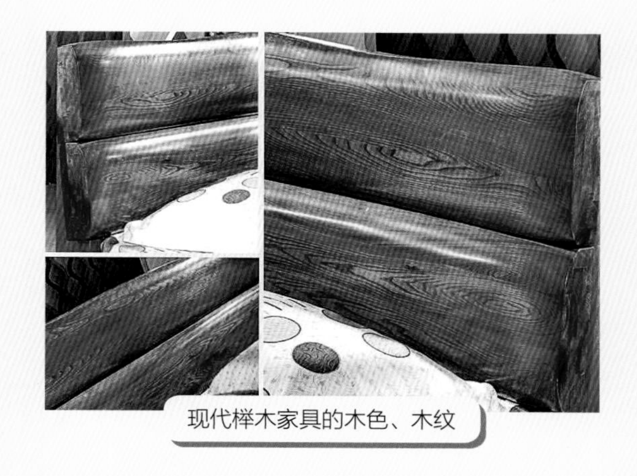

现代榉木家具的木色、木纹

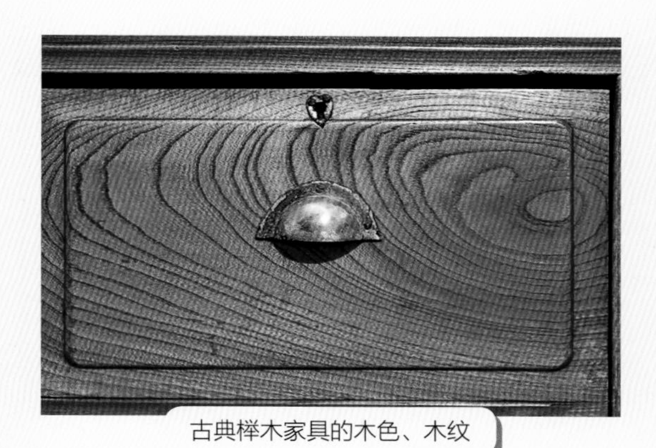

古典榉木家具的木色、木纹

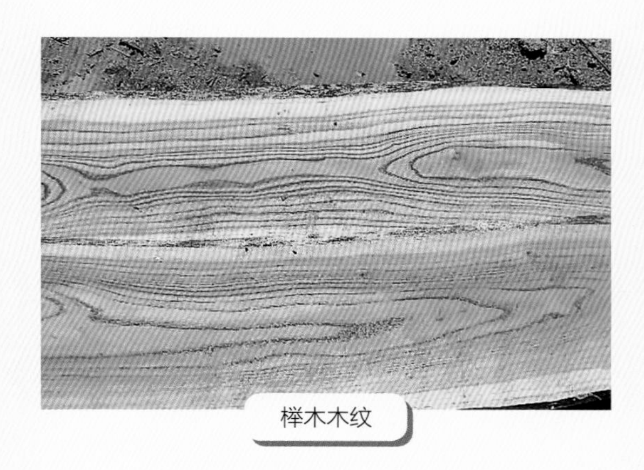

榉木木纹

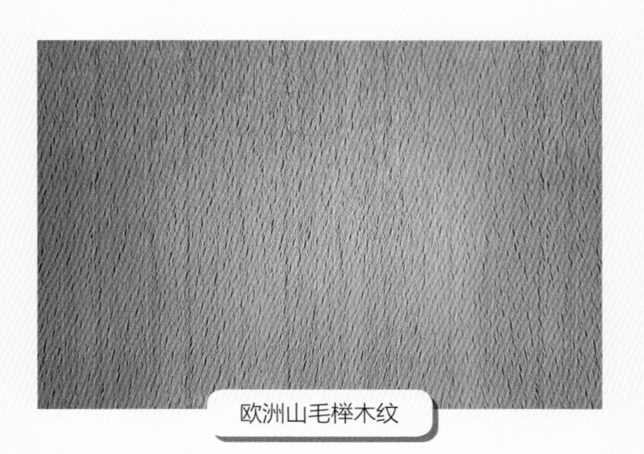

欧洲山毛榉木纹

○ 种类及分布

榉木和山毛榉从木质上说是有区别的，山毛榉主要产自欧洲，我国广西、四川两省也有，但数量很少。我国主要产榉木，现在的产量也不多了。榉木家族中的山毛榉欧洲最多，品质比我国的山毛榉好。榉木在我国长江流域和南方各省都有生长，主要分布在江苏、浙江、安徽、广西和云南等省。欧洲的山毛榉主要为白榉和黄榉两种。我国榉木主要为白榉、黄榉和血榉三种。榉木木材带赤色者为“血榉”，木材带黄色者为“黄榉”，木材带白色者为“白榉”。欧洲的山毛榉在英国、法国、德国、罗马尼亚、丹麦、波兰和捷克都有，而且产量很大。目前，我国装饰和制作家具常见的榉木其实就是进口的山毛榉，产地主要为欧洲和北美地区。欧洲山毛榉和我国榉木有很大区别，欧洲山毛榉板面有很多米粒大小的点状纹，我国的榉木则没有，木色、木质同榆木近似。目前，在木材市场很难见到我国产的榉木了，这种木材在市场上已濒临绝迹。

○ 用途

榉木是我国当代最常见的实木地板、楼梯、线条等家庭装饰用材和家具用材，榉木还可供造船、建筑、桥梁等用，是中国明清时期民间家具最主要的用材，江南有“无榉不成具”的说法。榉木虽不属华贵木材，但在明清民间传统家具中使用极广。明朝早期的古典家具木材多为榉木，这些家具造型及制作手法、工艺与后期的明式红木家具基本相同，具有相当高的艺术价值和历史文化价值。

○ 榉木简介

榉木坚固，抗冲击，蒸汽下易于弯曲，可以制作各种造型，抓钉性能好，但是易开裂，收缩也大。榉木木质紧密，重量中等，木纹细且较直，纹理清晰，木材质地均匀，色调柔和流畅，为江南特有的木材。榉木比普通硬木都重，在所有的柴木木材硬度排行上属于上等水平。缺点是在窑炉干燥和加工时容易开裂。优点是木色漂亮，有天然美丽的大花木纹。榉木芯边材区别不明晰或微明晰。木材白色或极浅的黄褐色，长时间放置可转为浅红褐色，肌理细致、均匀。宽木射线显著，在纵切面上尤为显著。浅色的背景上显有深色的条纹或斑纹，材质随生长条件的

榉树叶背面

榉树叶正面

不同而有较大的变异。木材干燥迅速，性质良好。榉木含水率12时，平均重量约为650千克/立方米。

榉木材质经久耐用，纹理漂亮有光泽，其中有一种带赤色的老龄榉木被称为“血榉”，是榉木中的佳品，价格比黄榉和白榉贵。还有一种木纹似山峦起伏“宝塔纹”的榉木，常常被嵌装在家具的醒目处。在明清柴木家具中，榉木家具浅淡的色泽最接近香枝木家具，苏式家具中的榉木家具最多，做工也与香枝木家具相同。

明清以后，榉木日渐减少。1999年，榉木被列为国家二级重点保护植物，禁止采伐。榉木是古代江南地区普遍使用的木种。稍微懂得收藏的人可能都听过“椐木”，如清作椐木柜、椐木榻、椐木小凳等。“椐木”这个名字在中国传统家具书籍中常有出现，事实上指的就是现代所讲的“榉木”。榉木纹理层层叠叠，比榆木更丰富，苏州工匠称其为“宝塔纹”，榉木木质也比一般木材坚硬，但不算硬木。在明清家具用材中，榉木有重要地位，自古受人重视。

○ 榉木优点

1. 就榉木家具的本质来说，榉木材质坚硬，抗冲击。

2. 蒸汽下易于弯曲，可以制作各种各样的造型。

3. 从外观来看，榉木的木质质地均匀，纹理美观，色调柔和、流畅，可供建筑及器物用材。

4. 加工、涂饰、胶合性较好。

○ 榉木缺点

1. 由于每棵树的树龄不同，因此树的颜色和密度不同，而做出来的家具颜色会有差异。

2. 在窑炉干燥和加工时容易出现裂纹，易变形。因此要想成功做出一套家具并不容易。

榉木产于我国南方，北方人过去不识榉木，称之为南榆，细想有一定道理。榉树叶与榆树叶很近似。北方乡村家具中，榆木为大宗，其地位与榉木在江南地位相等。两类树都有高达数丈者，纹理虽有异但都属通达顺畅一类，细细辨认，榉木纹理是由极其细小的棕眼构成，而榆木的纹理流畅通达。两种木材放在一起比较，很容易得出上述感受。

榉木木纹

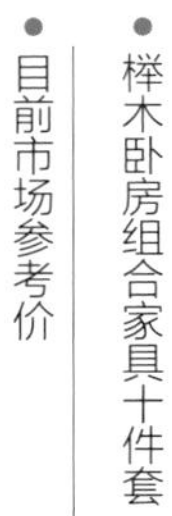

● 榉木卧房组合家具十件套
● 目前市场参考价 20000～26000元

● 榉木客厅组合家具十件套
● 目前市场参考价 18000～23000元

● 榉木小圈椅一件
● 目前市场参考价 900～1200元

红榉仿古圆角柜一件

目前市场参考价 5000～7000元

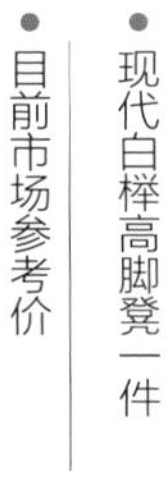

现代白榉高脚凳一件

目前市场参考价 500～600元

红榉中西结合式圆桌七件

目前市场参考价 7000～9000元

●红榉中西结合式双人沙发一件
●目前市场参考价6000～7000元

●白榉衣柜一件
●目前市场参考价3500～4500元

●红榉中西结合式电视柜一件
●目前市场参考价4000～5000元

●红榉中西结合式电视柜一件
●目前市场参考价3000～4000元

●红榉中西结合式电视柜一件
●目前市场参考价4000～5000元

第七章

香樟

广西香樟树干

中文名：香樟

科名：樟科

属名：樟属

俗称及别名：樟树、樟木、芳香树、油樟、乌樟

产地：我国福建、江西、广东、云南等地，缅甸北部也有分布

广西香樟主干基部

香樟果实

香樟树叶及果实

○ 形态特征

树 常绿乔木，但樟树不是不落叶，而是春天新叶长成后，上年的老叶才开始脱落，所以一年四季都呈现绿意盎然的景象。樟树高可达30m，树龄成百上千年，可成为参天古木。为优秀的园林绿化树木。

皮 树皮幼时绿色，平滑，老时渐变为黄褐色或灰褐色纵裂。树皮中厚，不易剥离，表皮略粗糙。

叶 叶互生，革质，卵形或椭圆状卵形，长5~10cm，宽3.5~5.5cm，顶端短尖或近尾尖，基部圆形，离基三出脉，近叶基的第一对或第二对侧脉长而显著，背面披白粉，脉腋有腺点。

花 花黄绿色，春天开，圆锥花序腋生。花期4~5月。

果 球形的小果实成熟后为黑紫色，直径约0.8cm，果期9~11月。

香樟叶及花序

○ 木材特征

颜色 芯边材区别略明显。边材浅黄褐色，向内为红褐色。

纹路 深褐或栗红色条纹，纹理有直、有曲、有交错，也有波浪纹和山水纹。

生长轮 明显。

气味 富有香气，味苦。

气干密度 木材含水率12时，气干密度0.43~0.59g/cm^3。

其他特性 传说因为樟树木材上有许多纹路，像是大有文章可作的意思，所以就在“章”字旁加一个木字旁作为树名。髓实心，木材光泽强，结构细而匀，有油性，重量、强度、硬度中，干缩小。樟树全株具有樟脑般的清香，可驱虫，而且香味持久。

香樟花蕾

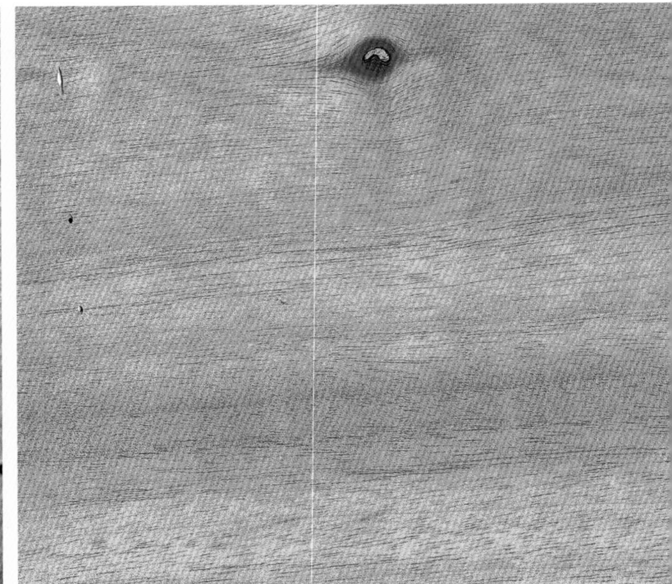

香樟木木纹

香樟木雕花木纹

香樟木瘤结纹

○ 用途

香樟有大叶樟和小叶樟之分。为亚热带地区（我国西南地区）重要的用材和特种经济树种。根、木材、枝、叶均可提取樟脑、樟脑油，油的主要成分为樟脑、松油二环烃、樟脑烯、柠檬烃、丁香油酚等。樟脑供医药、塑料、炸药、防腐等用。樟脑油可作为农药、选矿、制肥皂及香精等原料。樟树枝叶浓密，树形美观可作绿化行道树及防风林。樟脑还有强心解热、杀虫之效。科学研究证明，樟树所散发出的松油二环烃、樟脑烯、柠檬烃、丁香油酚等化学物质，有净化有毒空气的能力，有抗癌功效，能过滤出清新干净的空气，沁人心脾。长期生活在有樟树的环境中有利于健康。樟树生长快，防尘，是很好的城市绿化树种，因此樟树成为南方许多城市和地区园林绿化的首选良木，深受园林绿化行业的青睐。

香樟木木材质优，抗虫害，耐水浸，供建筑、造船、家具、箱柜、室内装饰、雕刻等用。属一类商品材，常用于制作箱柜。

● 香樟木未上漆的官帽椅一件

● 目前市场参考价 500 ~ 600元

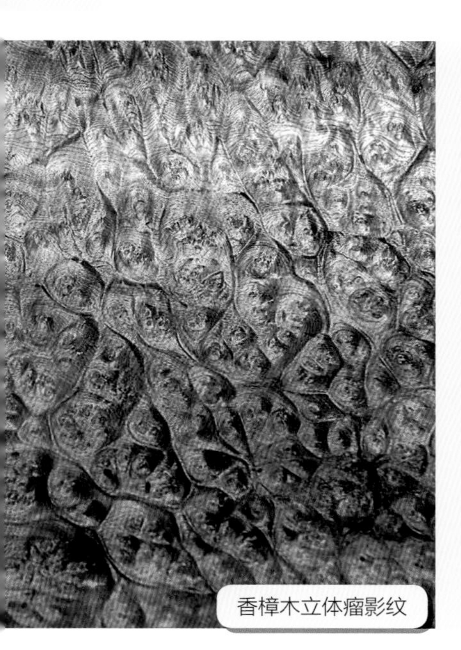

香樟木立体瘤影纹

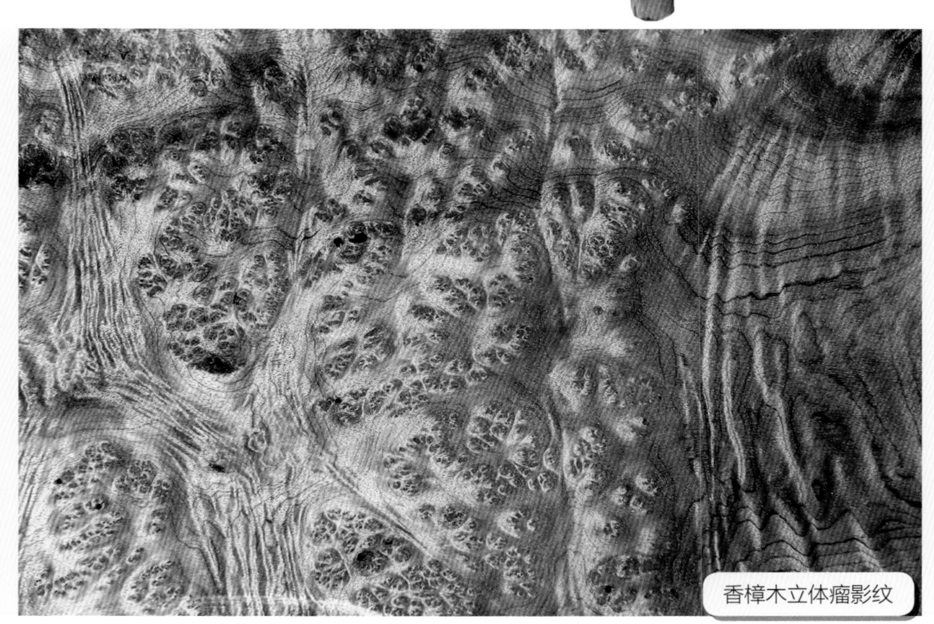

香樟木立体瘤影纹

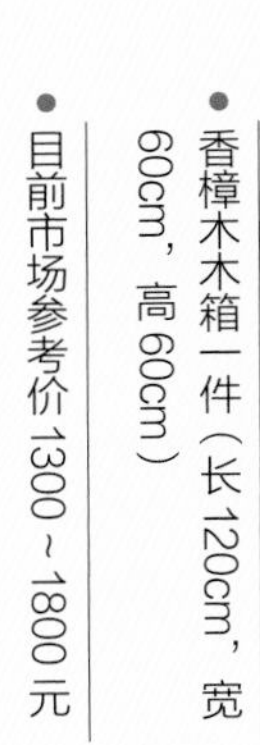

● 香樟木木箱一件（长120cm，宽60cm，高60cm）

● 目前市场参考价1300～1800元

● 香樟木仿古衣架一件

● 目前市场参考价800～1000元

● 香樟木步步高花架三件
● 目前市场参考价 1500～2000元

● 香樟木古凳桌五件套
● 目前市场参考价 3000～4000元

● 香樟木休闲桌五件套
● 目前市场参考价 3000～4000元

● 香樟木茶桌六件套
● 目前市场参考价 4000～5000元

● 香樟木现代客厅组合沙发六件套

● 目前市场参考价 10000 ~ 13000元

● 香樟木翘头柜一件

● 目前市场参考价 3500～4500 元

● 香樟木现代卧房五件套
● 目前市场参考价 14500～19500元

● 香樟木卧房五件套
● 目前市场参考价 15000～20000元

● 香樟木卧房五件套
● 目前市场参考价 14000～19000元

● 香樟木博古架两件套
● 目前市场参考价 3500～4500元

● 香樟木书房组合四件套

● 目前市场参考价 9500～13000元

第八章 柞木

中文名： 柞木

科名： 壳斗科

属名： 栎属

俗称及别名： 蒙栎、柞栎、柞树

产地： 主要分布在中国东北、华北、西北各地，华中地区有少量；在俄罗斯、日本、蒙古及朝鲜半岛也有分布。

云南柞树树冠

云南柞树主干基部

○ 木材特征

颜色 芯边材区分不明显，边材为白色，芯材黄白色。

纹路 浅褐黄色条纹，纹理漂亮，通达清晰，多为径向纹，刨面光滑。

生长轮 明显。

气味 新开料有刺鼻的酸味。

气干密度 木材含水率12时，气干密度0.55~0.70g/cm^3。

其他特性 收缩变形中，易翘裂。

柞树果实

○ 形态特征

树 壳斗科栎属乔木，高可达30m，直径0.5~0.8m左右，树干有弯有直，枝下树干高8~10m。国家二级珍贵树种，是中国东北林区中主要次生林树种。

皮 树皮灰褐色，纵裂。幼枝紫褐色，有棱，无毛。

叶 叶片倒卵形至长倒卵形，长7~19cm，宽3~11cm；顶端短钝尖或短突尖，基部窄圆形或耳形；叶缘7~10对钝齿或粗齿；侧脉每边7~11条。

花 雄花序生于新枝下部，长5~7cm，花序轴近无毛；雌花序生于新枝上端叶腋，长约1cm，有花心4~5朵，通常1~2朵发育。

果 壳斗杯形，包着坚果1/3~1/2，坚果卵形至长卵形，直径1.3~1.8cm，高2~2.3cm，无毛，果脐微突起。

云南柞树花序

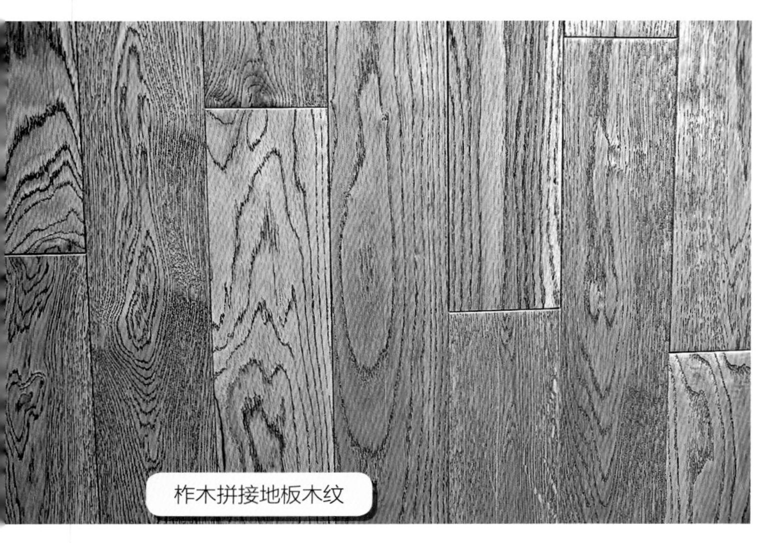
柞木拼接地板木纹

柞木成品家具木纹

柞木成品家具木纹

柞木地板木纹

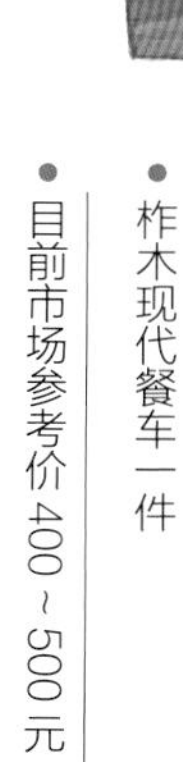
● 柞木现代餐车一件
● 目前市场参考价400~500元

○ 柞木用途

柞木材质坚实，纹理细密，材色白褐。目前柞木在北方和我国大多数地区主要供家具、地板、装潢用材。

柞木还是营造防风林、水源涵养林及防火林的优良树种，孤植、丛植或与其他树木混交成林均可。

● 柞木现代衣架一件
● 目前市场参考价 500 ~ 600元

● 柞木现代酒柜一件
● 目前市场参考价 2500 ~ 3500元

● 柞木现代多用柜一件
● 目前市场参考价 2500 ~ 3000 元

● 柞木现代酒柜一件
● 目前市场参考价 2500 ~ 3000 元

● 柞木现代餐车一件
● 目前市场参考价 700 ~ 800 元

● 柞木现代方桌七件套
● 目前市场参考价 3500～4500元

● 柞木现代圆桌七件套
● 目前市场参考价 4000～5000元

● 柞木现代电视柜一件
● 目前市场参考价 1800 ~ 2100 元

● 柞木现代客厅组合沙发五件套
● 目前市场参考价 10000 ~ 13000 元

●柞木现代电脑桌两件套

●目前市场参考价
2000～2500元

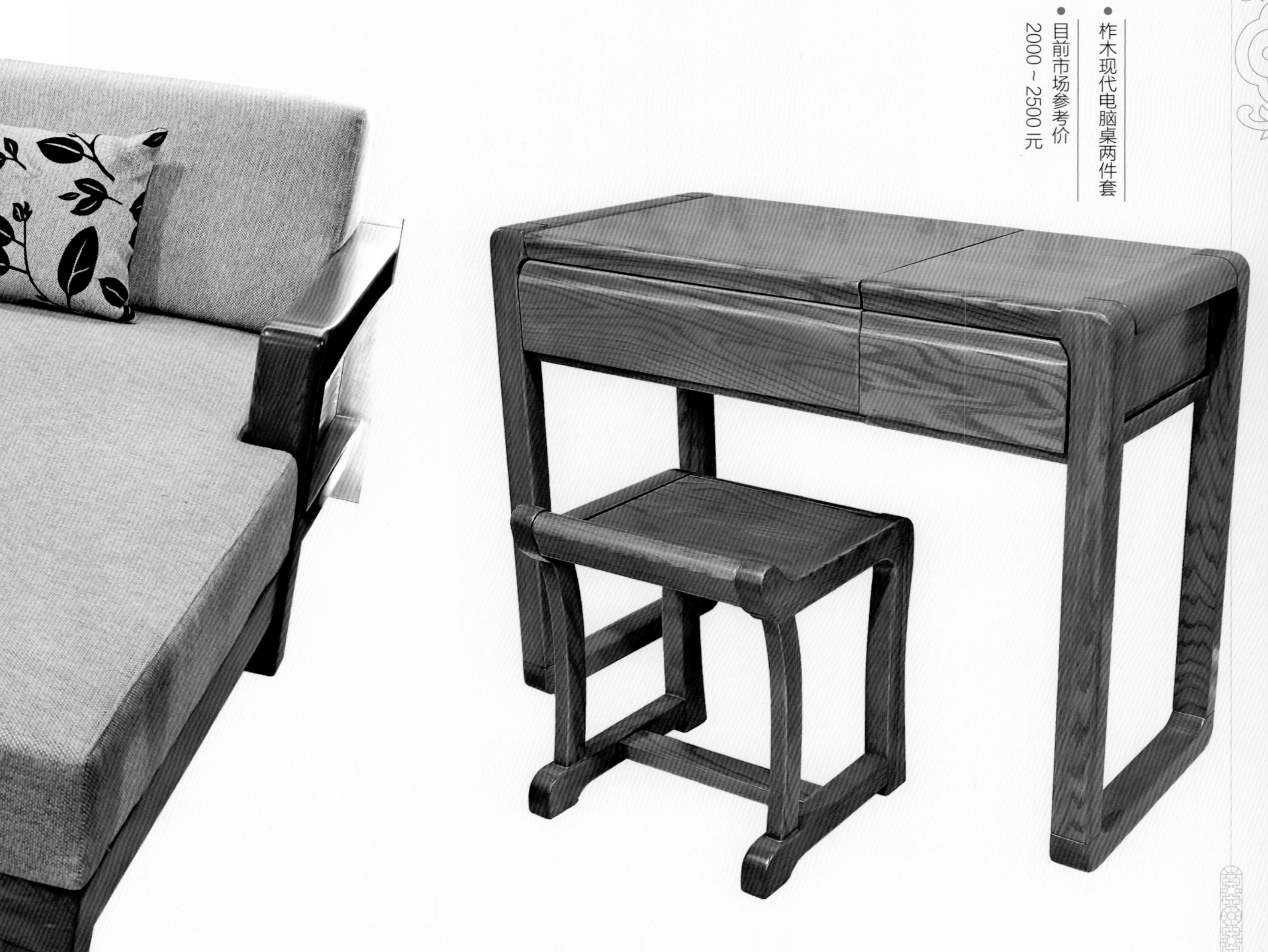

● 柞木现代书房组合四件套

● 目前市场参考价 10000～13000 元

● 柞木现代电视柜一件
● 目前市场参考价 1800～2200元

● 柞木现代卧房组合家具五件套
● 目前市场参考价 13000～17000元

第九章

柏木

云南柏木树冠

中文名：柏木

科名：柏科

属名：柏木属

俗称及别名：香柏、柏树、桧木、扁柏、藏柏

产地：东南亚靠北部地区和我国江西、湖南、湖北、贵州、云南、四川、西藏等地。

○ 形态特征

树 常绿乔木，高可达30m，胸径0.8m左右，树冠圆锥形。小枝扁平，细长且下垂。小枝上着生鳞叶而成四棱形或圆柱形，枝稀扁平。

皮 外皮灰褐色，长条状浅纵裂。树皮薄(8mm)，质松软，易条状剥离。内皮褐色，韧皮纤维极发达，薄片层状分离，内外皮不易区分。树皮幼时红褐色，老年树褐灰色，纵裂成窄长条片。

叶 鳞叶交互对生，排成平面，两面相似。鳞叶先端锐尖，偶有刺形叶，中部叶背有腺点。

花 花球雌雄同株，单生枝顶，雄球花长椭圆形，黄色，有雄蕊6~12枚，每雄蕊有花药2~6枚。花期3~5月。

果 球果卵圆形，径8~12mm，种鳞4对，能育种鳞有种子5~6粒。种子近圆形，两侧具窄翅，淡褐色，有光泽。球果翌年5~6月成熟。

越南柏木树皮

云南柏木主干

云南柏木枝、叶

○ **木材特征**

颜色 芯边材区别不明显，边材白色，芯材暗红褐至紫红褐。木材光泽强。

纹路 黄褐色条纹明亮，纹理直，纹路多。

生长轮 生长轮明显，宽度不均，10~15年轮/cm以上，偶有假年轮出现。

气味 清香气浓。

气干密度 木材含水率12时，气干密度0.55~0.70g/cm^3。

其他特性 材质优良，结构细，耐腐。收缩变形极小，不易翘裂，髓实心。中国栽培柏木历史悠久，常见于庙宇陵园，木材为有脂材，结构细而匀，重量和硬度为中等。强度中，品质系数高。我国主要分布在长江流域及其以南地区，垂直分布主要在海拔300~1000m之间。东南亚各国均有分布，越南和我国台湾较多，品质也最好，俗称“越桧”“台桧”。根据柏木芯材、边材颜色深浅，材质好坏，加工难易而分为油柏、黄心柏和糠柏三种。柏木分布广，种类多。我国西藏地区生长的柏树俗称藏柏，品质也很好。

越南柏木树叶、种子

越南柏木树冠

○ 用途

柏木主要用于高级家具、家庭装潢、雕刻工艺品。根材可提取精油，制作香皂、香料。

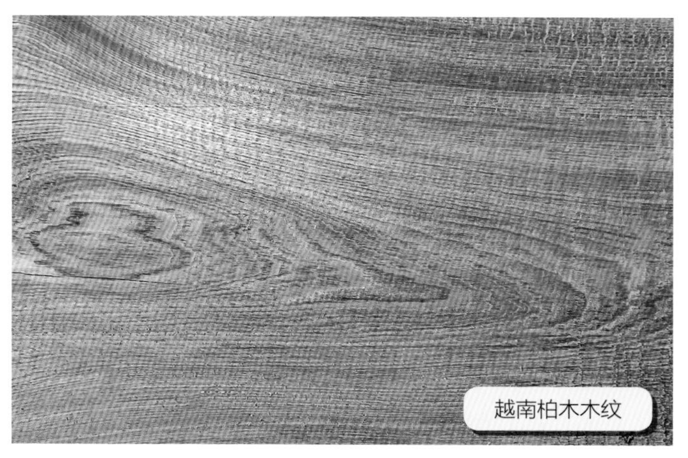

越南柏木木纹

越南柏木木纹

● 云南柏木实木门

● 目前市场参考价 2000～3000元

云南柏木木纹

云南柏木实木门局部

● 越南柏木吊顶

● 目前市场参考价，成品每平方米 1000 ~ 1300 元

- 越南柏木吊顶
- 目前市场参考价，半成品
每平方米 900 ~ 1200 元

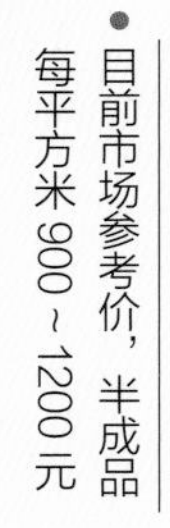

- 云南柏木现代大床三件套
- 目前市场参考
11000 ~ 13000 元

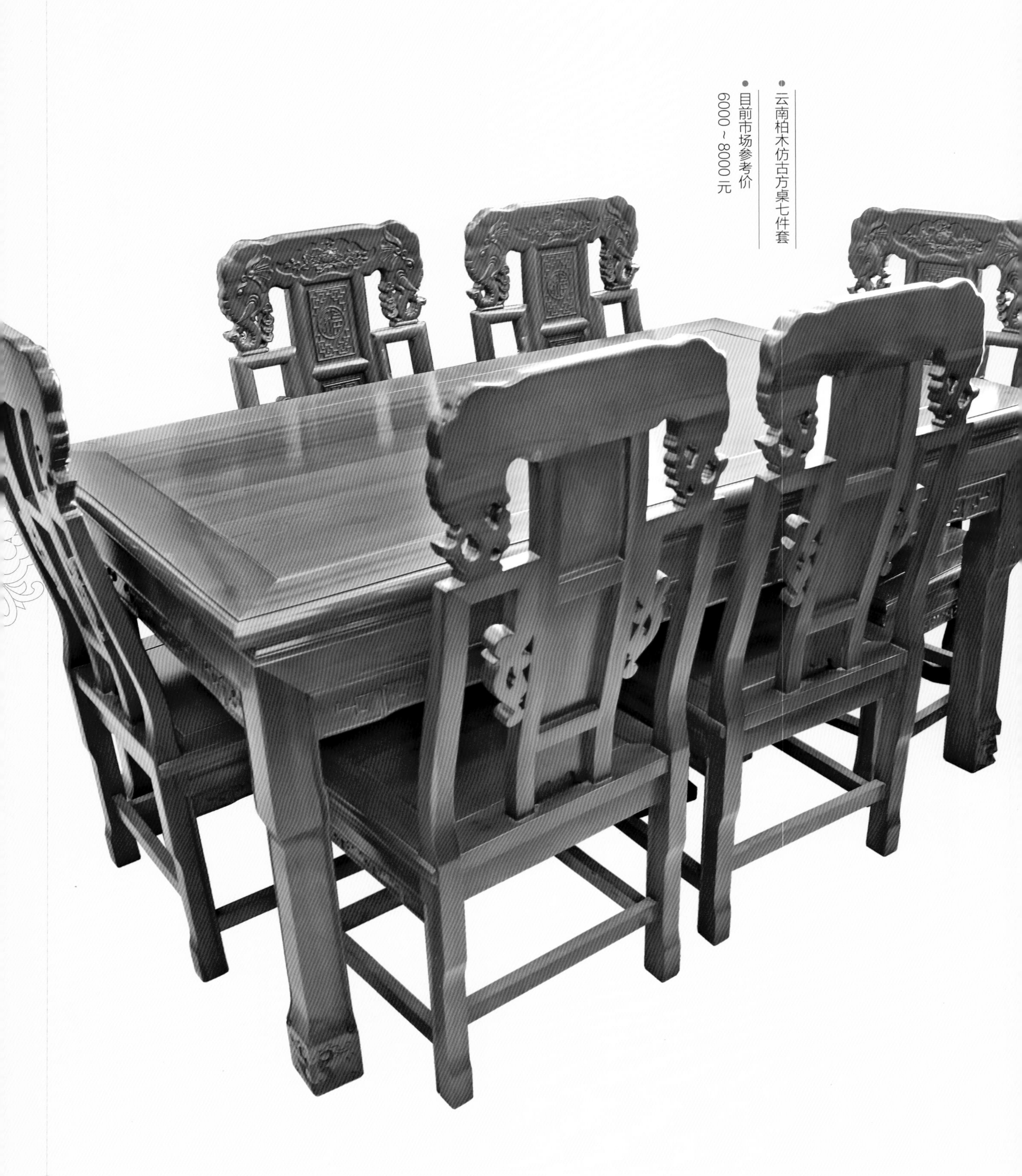

● 云南柏木仿古方桌七件套

● 目前市场参考价
6000～8000元

● 云南柏木小橱柜一件
● 目前市场参考价
2500～3500元

● 云南柏木衣帽架一件
● 目前市场参考价600～800元

● 云南柏木落地台灯一件
● 目前市场参考价1100～1300元

● 云南柏木仿古琴台案两件套
● 目前市场参考价3000～4000元

第十章 红椿

红椿树

红椿树

红椿树干
铁椿树主干

香椿树主干

红椿树主干基部

中文名： 红椿

科名： 楝科

属名： 香椿属

俗称及别名： 红楝子、赤昨工、双翅香椿

产地： 云南、安徽、福建、广东、广西、湖南。云南广布于滇南的德宏、西双版纳、文山、红河，滇中也有零星分布

○ 形态特征

树 落叶乔木，高达20m，胸径0.8m以上，树干直而圆。

皮 树皮厚，质略软，易条状剥离。外皮灰褐色，呈鳞片状纵裂，嫩枝初被柔毛，后变无毛，内皮红褐色，石细胞火焰状排列，韧皮纤维细长，柔韧。

叶 羽状复叶，长25~40cm，小叶7~8对，纸质，椭圆状或卵状披针形，长8~15cm，宽2.5~6cm，先端渐尖，基部稍偏斜，全缘，上面无毛，下面仅脉腋有束毛。

花 圆锥花序顶生，与叶近等长或稍短，花两性，白色，有香气，具短梗，花萼短，裂片卵圆形，花瓣5，长圆形，雄蕊5，花丝被疏柔毛，花药比花丝短，子房5室，胚珠每室8~10，子房和花盘密被粗毛，花柱无毛。

果 蒴果长椭圆形，长2.5~3.5cm，果皮厚，木质，干时褐色，皮孔明显，种子两端具膜质翅，翅长圆状卵形，长约1.5cm，先端钝或急尖，通常上翅比下翅长。

红椿嫩芽

红椿开裂的果皮

红椿树叶正面

红椿树叶背面

○ 木材特征

颜色 芯边材区别明显，边材浅红褐色，芯材深红褐色。木材具有光泽。

纹路 深褐色条纹，纹理颇多，纹理明晰，十分漂亮。

生长轮 生长轮明显，宽度略均匀。

气味 新切面、截面有微酸香气，鲜剥皮为臭气味。

气干密度 木材含水率12时，气干密度0.46~0.60g/cm³。

其他特性 收缩变形小，不易翘裂，木材结构中至粗，略匀，材表细纱纹，髓实心。

铁椿树叶

香椿嫩叶

○ 分布

云南南部分布较广，滇中有零星分布。广西、广东、湖南、贵州、四川、福建等地也有分布。多生长于海拔300~800m的低山缓坡谷阔叶林中。在云南分布较高，多见于海拔1000~1800m的中高山地带。垂直分布在海拔300~2260m，而以海拔1300~1800m的亚热带地区较多。广东、广西的垂直分布范围在海拔800米以下。印度、马来西亚、印度尼西亚、越南等国也有分布。

○ 种类

云南的椿木中常用的主要有红椿、香椿、铁椿和紫椿。其中红椿木色和纹路最漂亮，最受市场欢迎。香椿主要是嫩芽供食用。铁椿和紫椿木色、木纹近似，紫椿木色稍深一些。近年紫椿木已经很少，市场上常见的是铁椿木。

○ 用途

椿木适合制作家具、家庭装修，是我国热带、亚热带的珍贵速生材种之一。

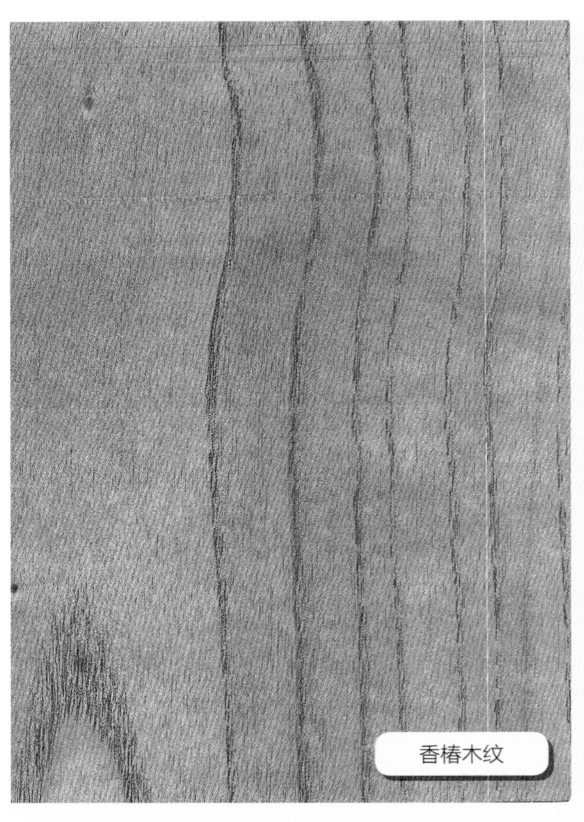

香椿木纹

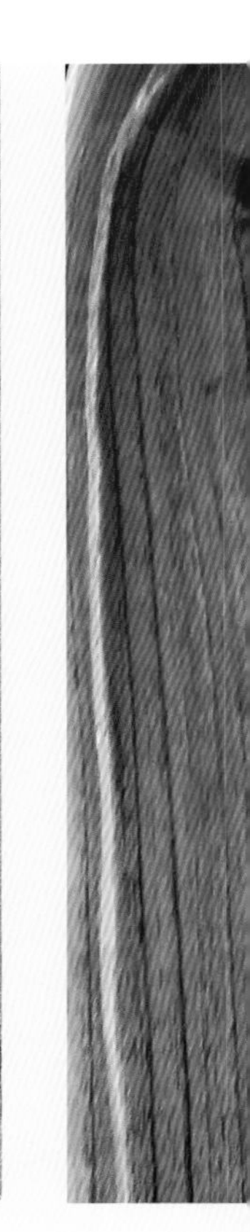

红椿原木

铁椿木纹

红椿径切木纹

红椿弦切木纹

红椿根雕

● 红椿现代圆桌七件套
● 目前市场参考价
3500～4500元

● 红椿现代沙发五件套
● 目前市场参考价
13000～16000元

● 红椿现代休闲椅三件套
● 目前市场参考价 800～1000元

● 红椿现代酒柜一件
● 目前市场参考价 3000～4000元

● 红椿现代方桌七件套
● 目前市场参考价 7000～9000元

● 红椿现代卧室四件套
● 目前市场参考价 8000 ~ 11000元

● 红椿现代三斗多用柜一件
● 目前市场参考价 800 ~ 1100元

● 红椿拼板床头柜一件
● 目前市场参考价 600～800元

● 红椿现代两斗多用柜一件
● 目前市场参考价 700～1000元

● 红椿现代卧室四件套
● 目前市场参考价 8000～11000元

第十二章 枫木

三球悬铃木（俗称枫木）全树

中文名： 枫木

科名： 悬铃木科

属名： 悬铃木属

俗称及别名： 英国梧桐

产地： 北美洲、欧洲、非洲北部、亚洲东部和中部。

二球悬铃木（俗称云南加枫）树干

云南三角枫

云南五角枫树冠

○ 形态特征

树 落叶乔木，树高30m左右，胸径0.8m以上，树干有直有弯有扁有圆。

皮 树皮白褐色，树皮中厚，表皮粗糙。

叶 掌状五裂。长10~24cm，宽略大于长，三片最大的裂片具少数突出的齿，基部为截形或微心形，上面为中绿至暗绿色，下面脉腋上有毛，秋季变为黄色至橙色或红色。

花 雄花萼片卵形，被毛；花瓣矩圆形，长为萼片的2倍。

果 头状果序褐黄色，直径2cm左右。

二球悬铃木（俗称加枫）叶、果实

二球悬铃木（俗称加枫）主干基部

二球悬铃木（俗称加枫）主干

云南五角枫主干基部

云南五角枫树干

云南三角枫树干

○ 木材特征

颜色 芯边材区别不明显，边材白色，芯材呈白灰至白灰红色。

纹路 纹理交错，有鸟眼状或虎背状花纹，花纹图案漂亮。

生长轮 不明显。

气味 无明显气味。

气干密度 木材含水率12时，气干密度0.48~0.63g/cm^3。

其他特性 结构甚细而均匀，质轻而硬度中，容易加工，切面欠光滑，干燥时易翘曲。油漆涂装性好，胶合性强。

二球悬铃木（俗称加枫）花序、果序

鸡爪枫叶背面

鸡爪枫叶正面

○ 分布

亚洲主要分布在东部和中部。我国分布在辽宁及长江以南的地区，中国台湾地区也有分布。

○ 种类及用途

枫木在全世界有150多个品种，分布极广。枫木按照硬度分为两大类：一类是硬枫，也称为白枫；另一类是软枫，也称为红枫。枫木中最著名的品种是产自北美的悬铃木、糖槭和黑槭，俗称“加拿大枫木”。枫木木材硬度适中，光泽良好，花纹图案十分漂亮，常现鸟眼状或虎背状花纹，是高档装修木材。枫木在美国和欧洲有悠久的使用历史，早期还曾是飞机螺旋桨的用料，时至今日，仍是家具、地板、运动器材的高档用材。当然由于产地差异和品种差异，有的国产枫木材质偏软，结构疏松，花纹不明显，光泽差，与欧美产的枫木有差距。云南怒江与缅甸交界的枫木也有鸟眼状或虎背状花纹，也同样是上品枫木。这一带的枫木，当地林农又分为八角枫、五角枫和三角枫。常见的和数量最多的是五角枫和三角枫，八角枫已经很难见到。

枫木主要用于制作家具、地板、楼梯、实木门、胶合板贴面等。

三角枫叶、花序

加拿大枫木木纹

云南三角枫木纹

- 枫木现代客厅沙发四件套
- 目前市场参考价
13000～17000元

● 枫木现代书房组合四件套
● 目前市场参考价 8000～11500元

● 枫木现代五斗柜一件
● 目前市场参考价 2000～2500元

● 枫木现代步步高花架三件
● 目前市场参考价 600～900元

● 枫木现代书柜一组
● 目前市场参考价 5000～6000元

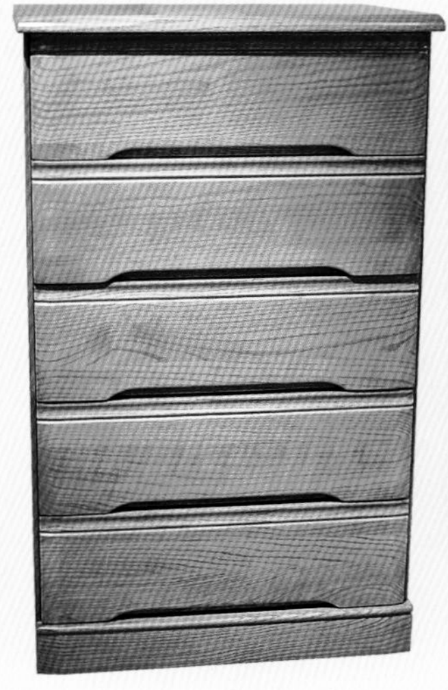

● 枫木现代步步高组合斗柜三件
● 目前市场参考价 5500～6500元

● 枫木现代客厅组合沙发七件套

● 目前市场参考价 18000～21000元

● 枫木现代圆桌七件套

● 目前市场参考价 3500～5000元

● 枫木现代方桌七件套

● 目前市场参考价 3000～4000元

第十二章 红豆杉

红豆杉

红豆杉主干

红豆杉主干基部

中文名：红豆杉

科名：红豆杉科

属名：红豆杉属

俗称及别名：红豆树、观音杉

产地：缅甸北部，我国云南、西藏、四川、浙江、福建和广西等省。云南主要分布于丽江、怒江、迪庆和景东、镇康、云龙等地。

红豆杉枝叶、种子

○ 形态特征

树 红豆杉是常绿乔木，小枝秋天变成黄绿色或淡红褐色，树高30m左右，胸径1m以上。属浅根性植物，其主根不明显，侧根发达，树干断面近圆形。

皮 树皮薄（4mm），质硬，不易剥离，外皮浅灰褐色，薄片或狭条状脱落，内皮黄褐色。石细胞不见，韧皮纤维发达，层状。

叶 排成两列，条状形。

花 雄球花单生于叶腋，雌球花的胚珠单生于花轴上部侧生短轴的顶端，白粉色，花期3~4月。

果 种子用来榨油，也可入药。种子有2棱，卵圆形，假种皮杯状，红色。

红豆杉树枝

红豆杉枝、叶

红豆杉球花

红豆杉树叶正面

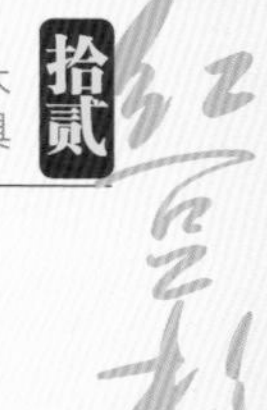

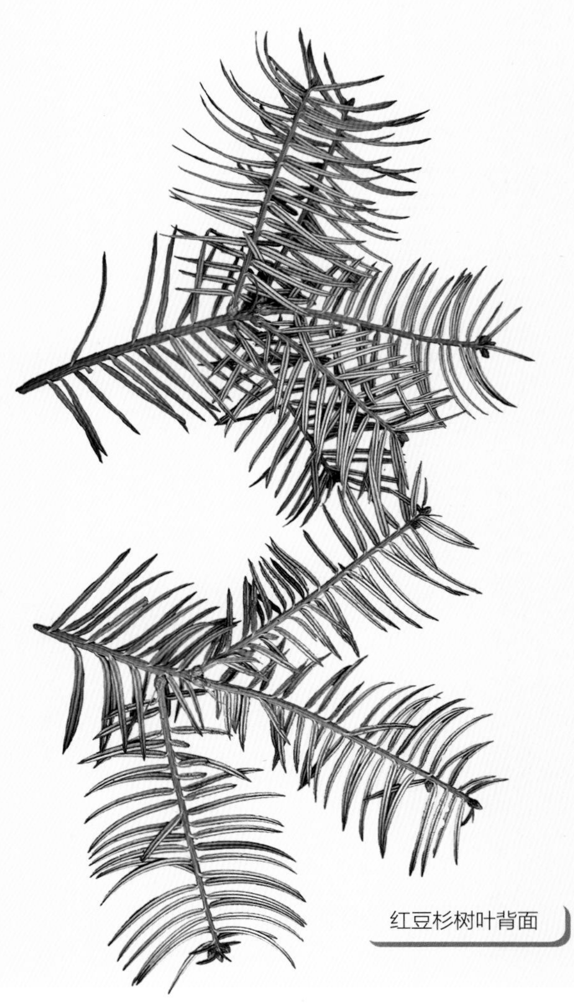
红豆杉树叶背面

○ 木材特征

颜色 具强光泽，芯边材区别明显，边材浅黄褐色，芯材浅黄红褐色。

纹路 红色纹路多，有交叉纹，有条纹，也有山水纹和云纹。

生长轮 生长轮很明晰，宽度不匀，呈波浪形曲折，间有伪年轮出现，每厘米4~20轮不等。

气味 有微香或微苦气味。

气干密度 木材含水率12时，气干密度0.60g/cm^{3}左右。

其他特性 结构甚细、均匀，重量、硬度中，髓实心。收缩变形小，不易翘裂。木射线细，内含树脂，强度中或低，干燥性好，加工性好，易车旋，切面光滑平整，油漆、胶粘性好，握钉力强，耐腐，耐水浸。

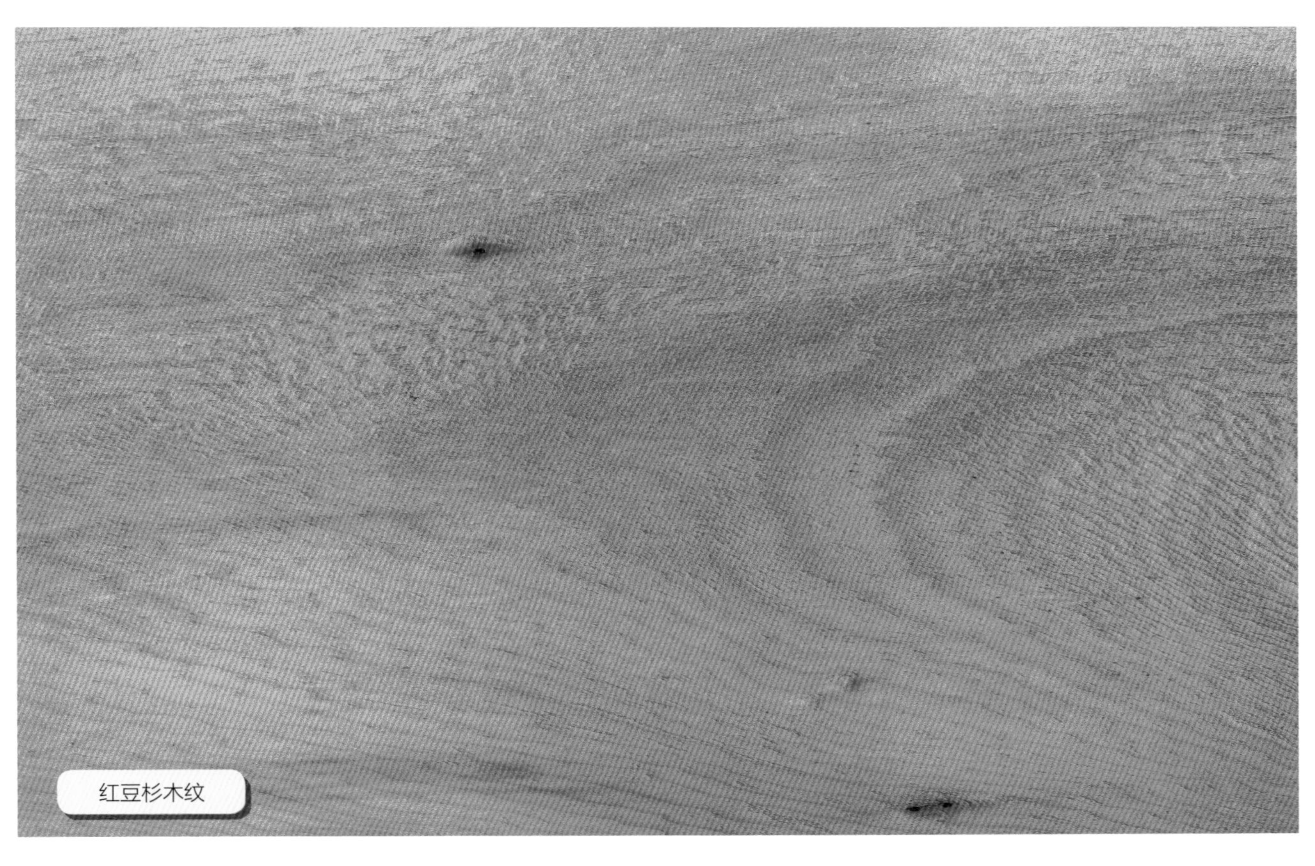
红豆杉木纹

○ 用途及价值

红豆杉可用于制作高级家具、车辆装潢、工艺美术品、雕刻、文具、玩具、室内装饰、手杖、乐器材、地板材、装潢用材等。芯材浸泡可提炼染料，根部可制根雕。

○ 药用价值

红豆杉的茎、枝、叶、根可入药。主要成分含紫杉醇、双萜类化合物，有一定抗癌功能，并有控制糖尿病及治疗心脏病的效用。尤其是生长环境特殊的东北红豆杉紫杉醇含量较高，常用于抗癌药物中。

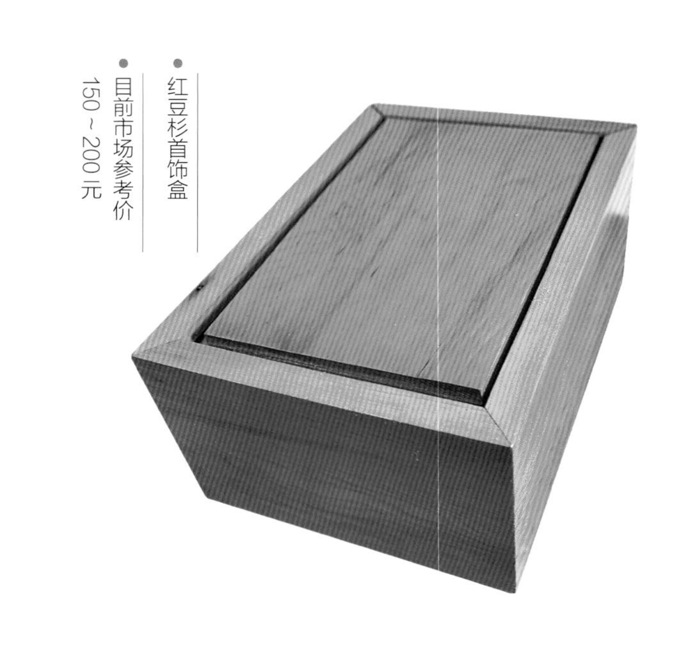

• 红豆杉首饰盒
• 目前市场参考价 150～200元

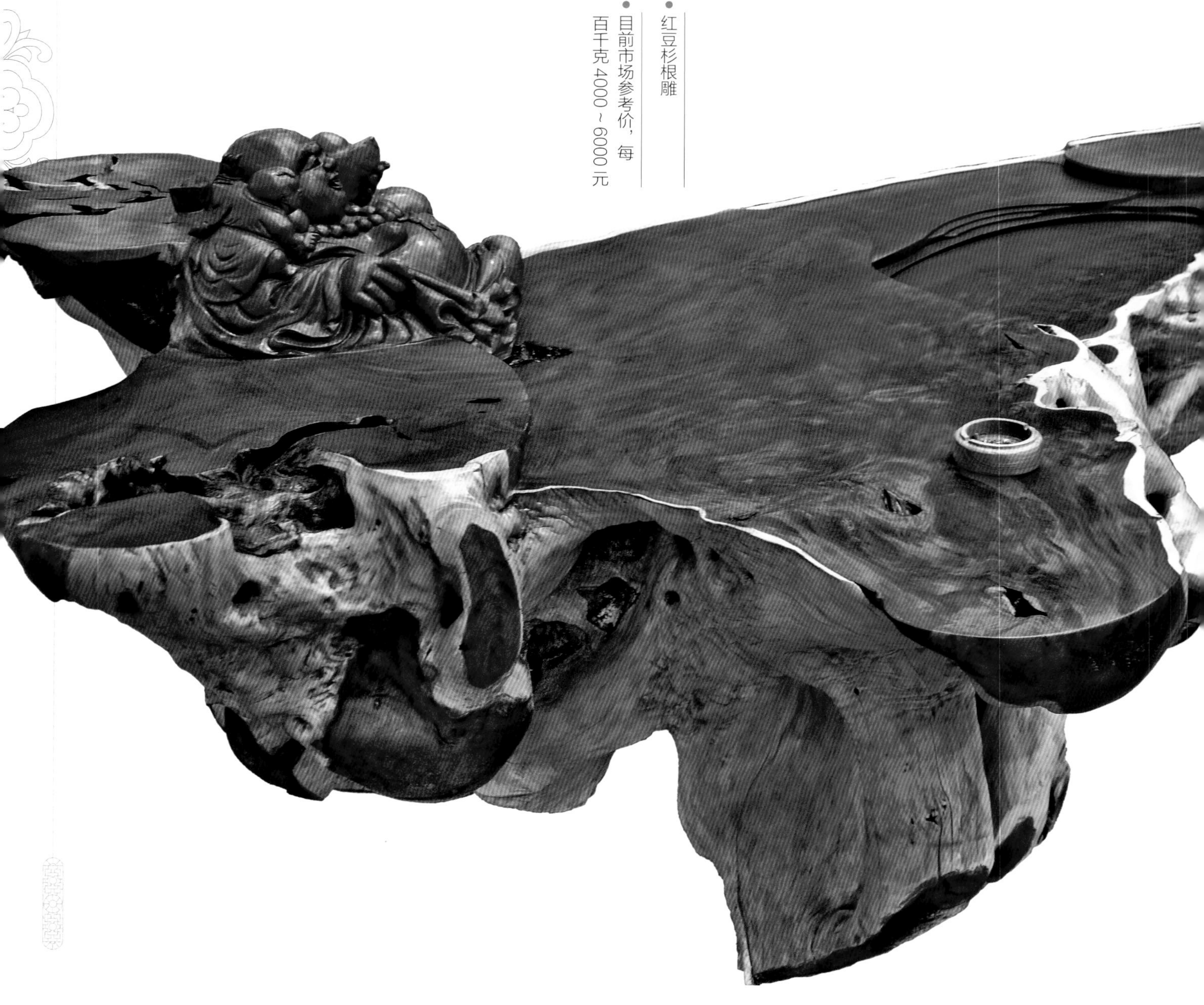

• 红豆杉根雕
• 目前市场参考价，每百千克 4000～6000元

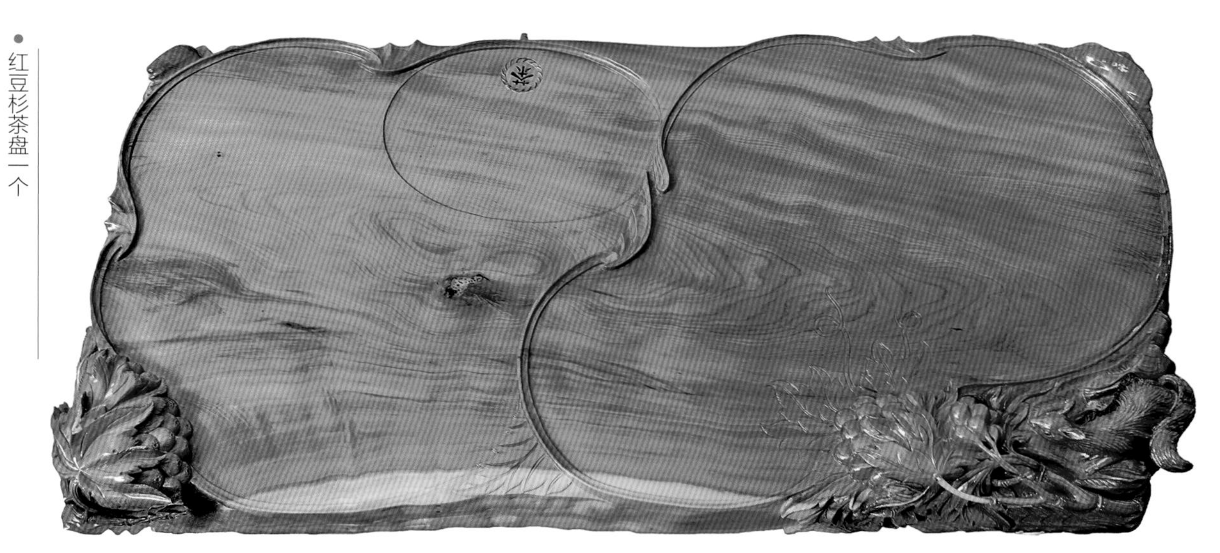

● 红豆杉茶盘一个

● 目前市场参考价 1000～2000元

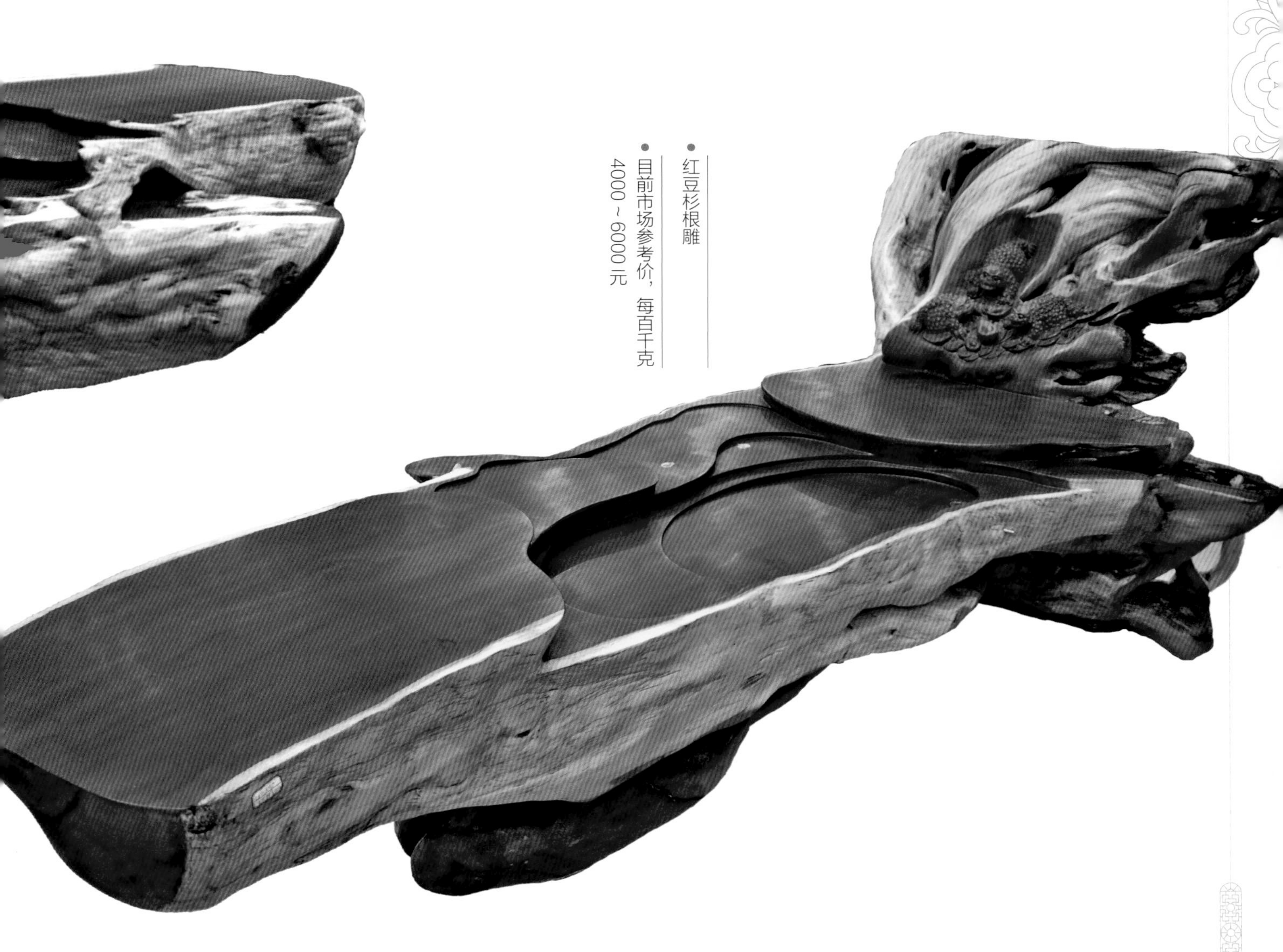

● 红豆杉根雕

● 目前市场参考价，每百千克 4000～6000元

• 红豆杉翘头案一件
• 目前市场参考价
6000～7000元

• 红豆杉大床三件套
• 目前市场参考价
18000～23000元

● 红豆杉老家具太师椅两件

● 目前市场参考价 9000～12000元

● 红豆杉仿古官帽椅三件套

● 目前市场参考价 7000～9000元

● 红豆杉茶台六件套

● 目前市场参考价 25000～29000元

第十三章 香榧木

香榧

中文名：香榧木

科名：红豆杉科

属名：榧树属

俗称及别名：榧木、香榧、玉榧

产地：我国云南西南部和浙江诸暨等地

香榧树枝

香榧主干基部

香榧枝、干

香榧树冠

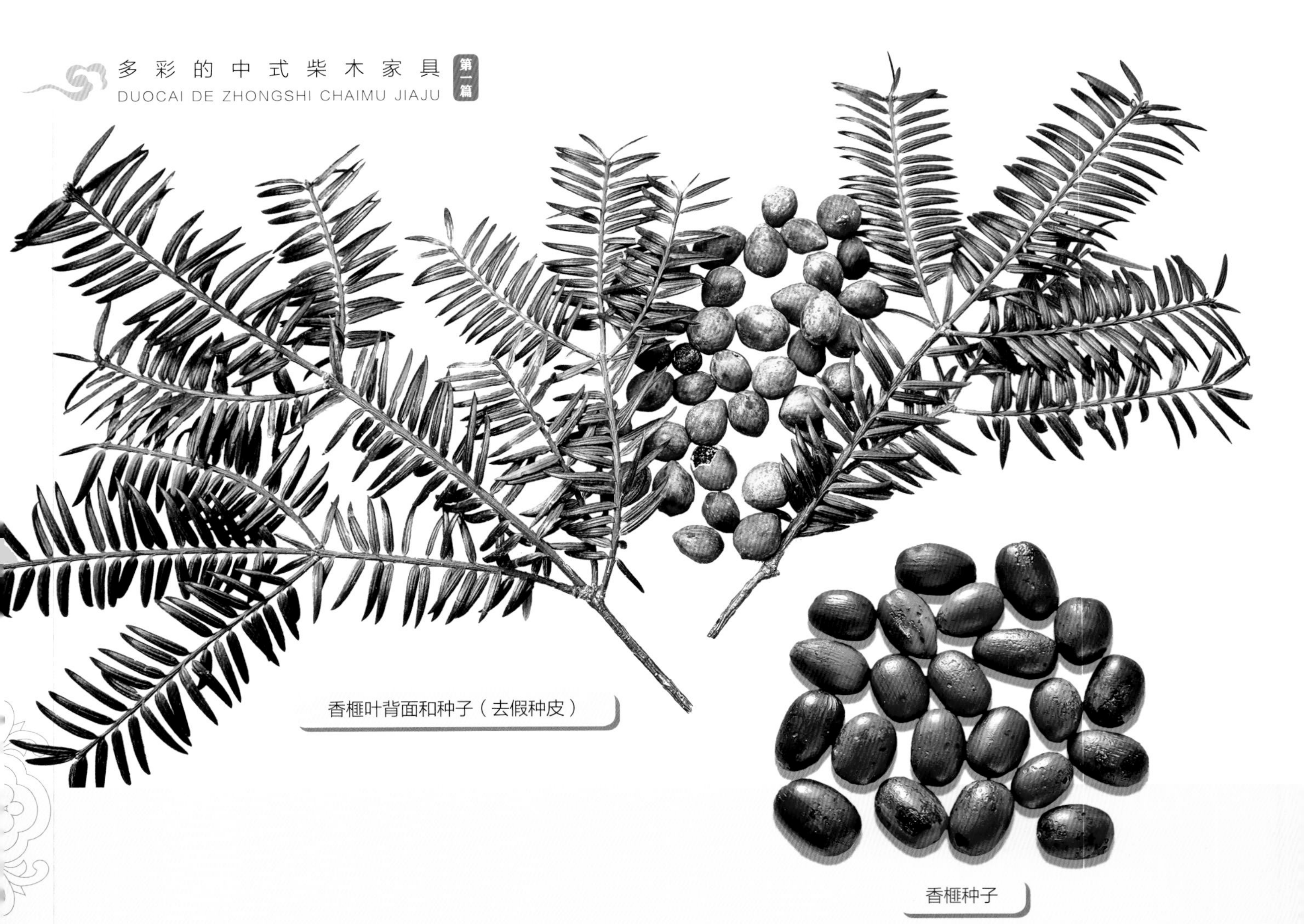

香榧叶背面和种子（去假种皮）

香榧种子

香榧球花

香榧叶正面及球花

○ 形态特征

树 常绿乔木，我国特有树种，是世界上稀有的经济树种。高可达30m，树干端直，树冠卵形，胸径可达1m以上。冬芽褐绿色，常三个集生于枝端。

皮 树皮厚度中等（6mm），具木栓层，质松软，不易剥离。外皮浅灰褐色，光滑。老时浅纵裂，窄条状，内皮浅黄色，石细胞不见，韧皮纤维发达。

叶 叶宽约2.5~3.5mm，叶长约1.1~2.5cm，为条状形。

花 雄球花单生于叶腋，雌球花的胚珠单生于花轴上部侧生短轴的顶端，多为白色，花期3~4月。

果 呈椭圆形，似橄榄，两头尖。初期假种皮绿色，成熟后变为淡紫褐色。大小如橄榄，种胚富有油脂和奇香味，既是美食又是良药。种皮革质，淡褐色，具不规则浅槽，种子翌年9月成熟。

香榧叶背面及球花

香榧种子

香榧种子

香榧木木纹

○ 木材特征

颜色 芯边材区别略明显，边材黄白色，芯材鲜黄色，光泽弱。初开料为黄色，久后逐渐变为桔红色或大红色。

纹路 纹理细密顺直，纹路不明显。

生长轮 生长轮明晰，局部呈微波形，宽窄不一，每厘米5~6轮。

气味 略带苦杏味。

气干密度 木材含水率12时，气干密度0.58g/cm^{3}左右。

其他特性 结构中，木材软、轻，强度低至中，品质系数高。加工和旋刨性好，耐腐和耐水浸泡。

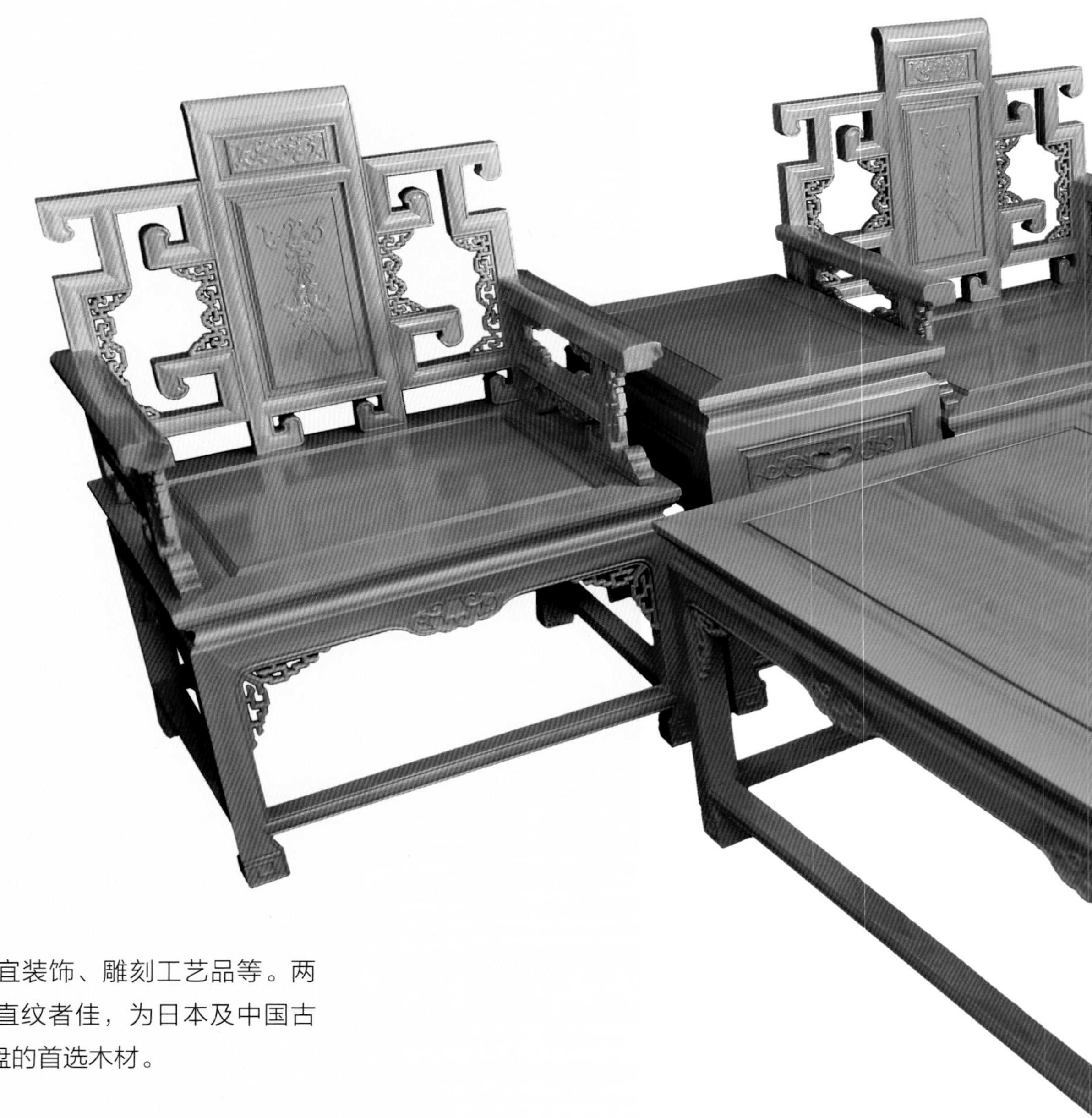

● 香榧木仿古沙发八件套

● 目前市场参考价 45000 ~ 65000 元

○ 用途

香榧木适宜装饰、雕刻工艺品等。两个大面为径切直纹者佳，为日本及中国古代制作围棋棋盘的首选木材。

● 香椎木小凳一件

● 目前市场参考价 900 ~ 1200 元

● 香榧木根雕
● 目前市场参考价每一百千克4500～7500元

● 香榧木根雕
● 目前市场参考价每一百千克4500～7500元

● 香椎木根雕
● 目前市场参考价每一百千克4500～7500元

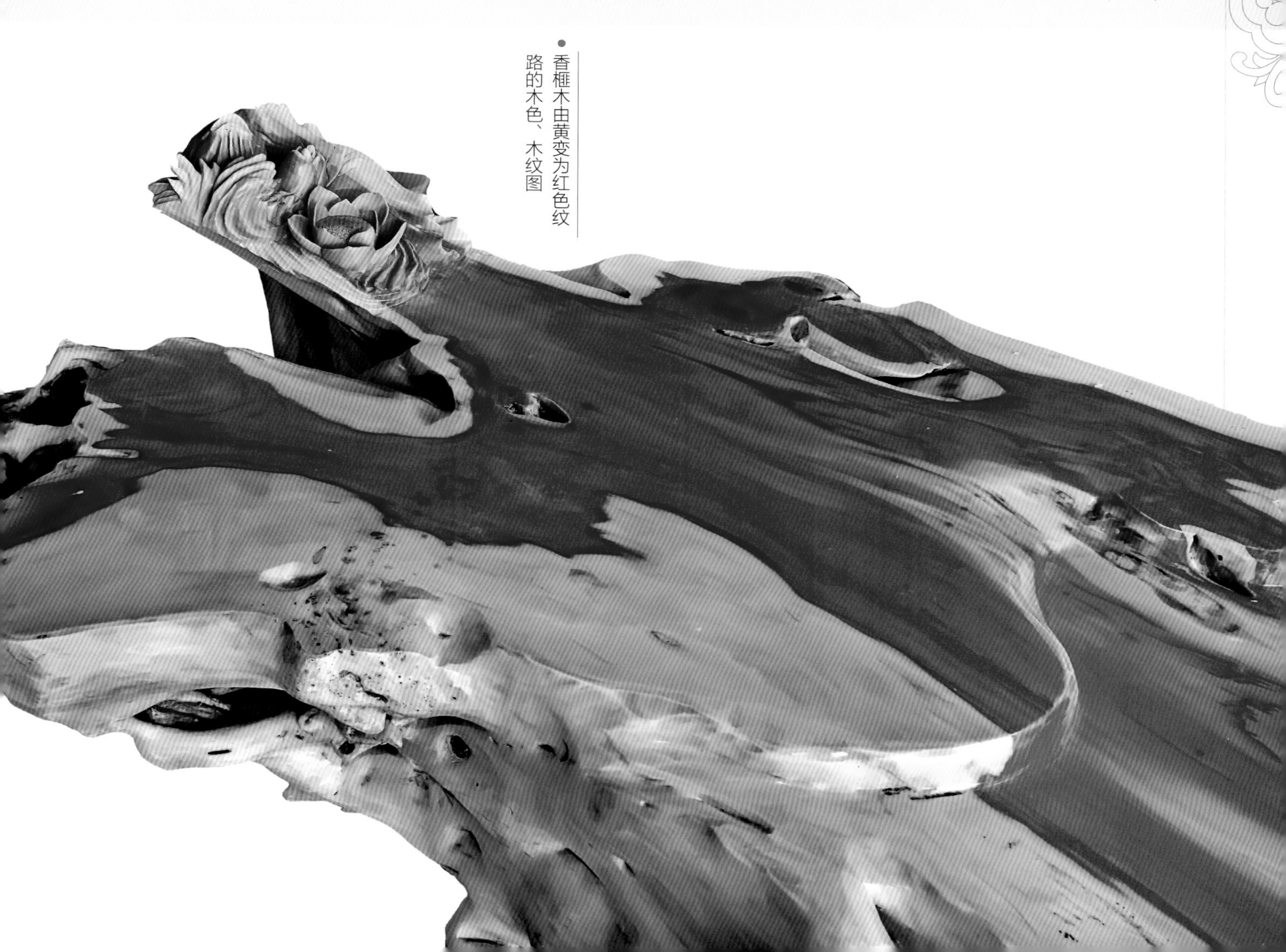

● 香椎木由黄变为红色纹路的木色、木纹图

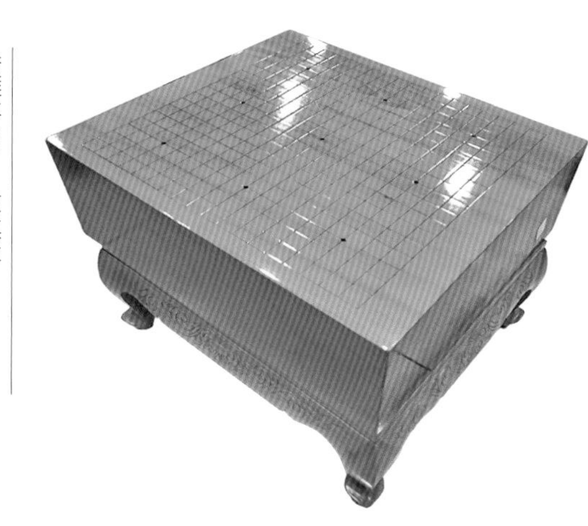

● 香榧木 20cm 厚棋盘

● 目前市场参考价 6000～8000元

● 香榧木 10cm 厚棋盘

● 目前市场参考价 4000～6000元

● 香榧木茶盘一件

● 目前市场参考价 2600～2900元

● 黑酸枝木镶嵌香榧木大型拔步床一组

● 目前市场参考价 850000～1050000元

第十四章 榉木

西南桦

中文名：桦木

科名：桦木科

属名：桦木属

俗称及别名：桦桃木、樱桃木、西南桦、西北桦

产地：缅甸北部，中国云南南部、广东均有分布，主要生长在热带、亚热带地区。

西南桦叶、果序

西北桦树干

西北桦树皮

西南桦树干

○ 形态特征

树 落叶乔木，高可达16m，胸径0.5~1m。西南桦树干通直高大，尖削度小，分枝高，干材中无死活节，材质较平滑标直。

皮 外皮褐红色，皮中厚，质坚韧，不易剥离。横向开裂呈不规则排列，表皮粗糙而且层状可剥离，纸片状脱落，内皮黄白色，石细胞层状。

叶 披针形至卵状披针形，长4~12cm，先端渐尖，基部圆形，缘有大小不等重锯齿，上面无毛，下面疏生柔毛。

花 花为绿色，花序条线状，花期3~5月。

西北桦毛坯地板

果 果近球形，径1~1.5mm，5~6月成熟。种子成熟期短，且种熟10天左右即散落，因此采种要及时。当果穗由青变黄褐色时即为成熟。采种宜连同果穗一起剪下，经3~5天阴干后种子会自动从果穗上脱落，获得干净种子，置冰箱内冷藏，待播种时取出。

西南桦叶

西南桦叶、花序

西南桦枋材

西南桦叶正面

西南桦指接拼板

西北桦木纹

西南桦木纹

西北桦叶正面

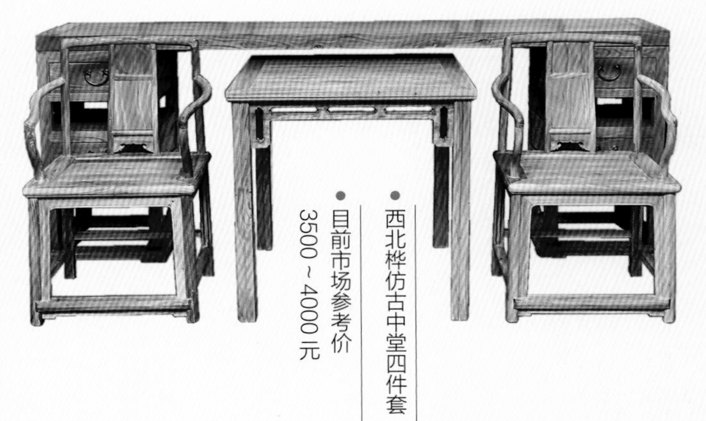

● 西北桦仿古中堂四件套
● 目前市场参考价 3500～4000元

● 西南桦仿古圈椅一件
● 目前市场参考价 600～800元

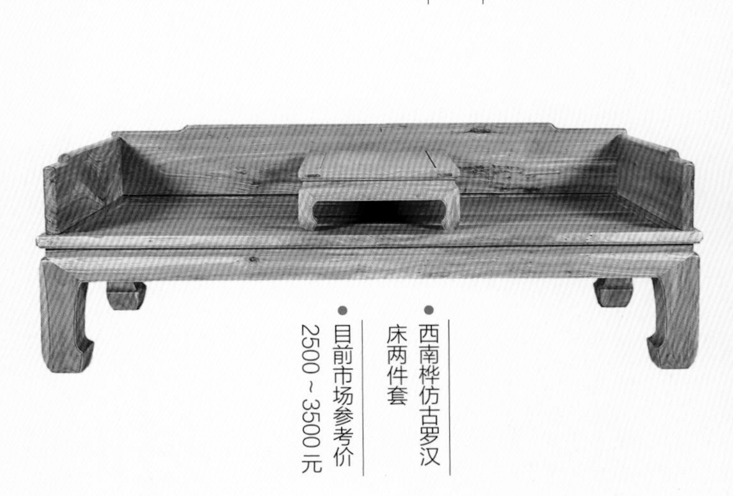

● 西南桦仿古罗汉床两件套
● 目前市场参考价 2500～3500元

● 桦木现代圆桌七件套
● 目前市场参考价 3000～3500元

• 桦木现代间隔酒柜一件
• 目前市场参考价1800～2500元

• 西南桦仿古圈椅一件
• 目前市场参考价700～900元

• 西南桦仿古扶手椅一件
• 目前市场参考价600～800元

• 桦木现代书桌连书柜一件
• 目前市场参考价2000～2800元

●西南桦仿古花架一件
●目前市场参考价 400～500元

●西南桦电视柜一件
●目前市场参考价 1800～2300元

●西南桦电视柜一件
●目前市场参考价 1800～2300元

●桦木现代圆桌七件套
●目前市场参考价 3000～3500元

● 西南榉仿古书柜一件

● 目前市场参考价 3000～3300元

● 西南榉仿古书柜一件

● 目前市场参考价 2500～3000元

● 西北榉仿古书柜一件

● 目前市场参考价 2500～3000元

● 榉木现代卧房组合五件套

● 目前市场参考价 10000～15000元

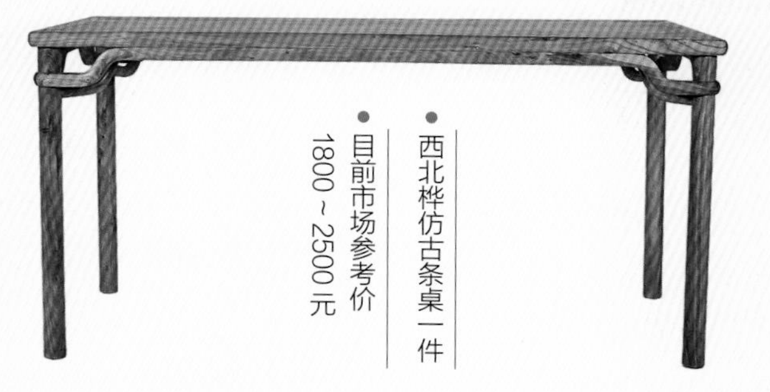

● 西北桦仿古条桌一件

● 目前市场参考价 1800～2500元

● 西南桦仿古条案一件

● 目前市场参考价 1800～2500元

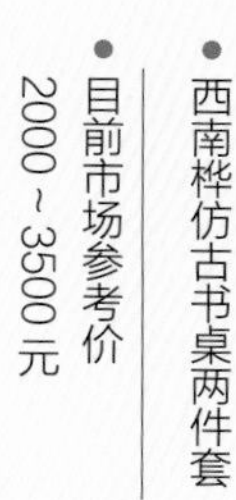

● 西南桦仿古书桌两件套

● 目前市场参考价 2000～3500元

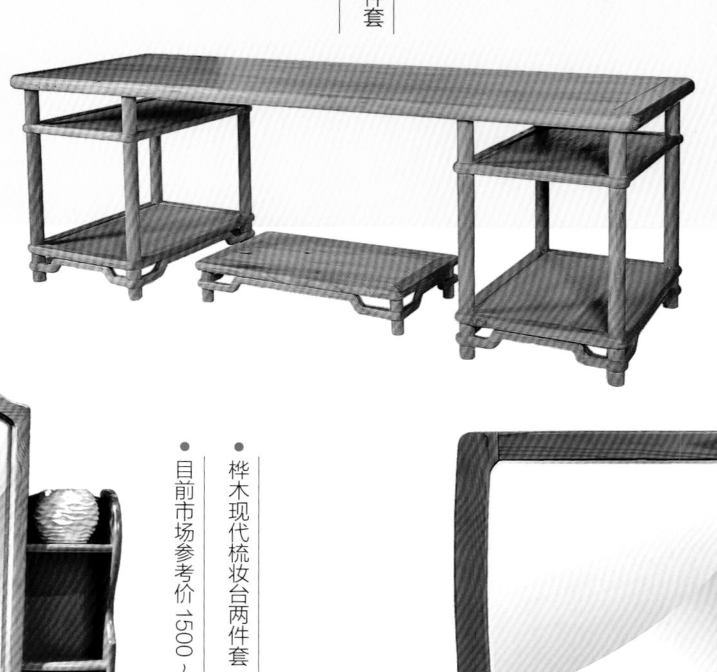

● 桦木现代梳妆台两件套

● 目前市场参考价1500～2300元

● 桦木现代梳妆台两件套

● 目前市场参考价 1500～2300元

第十五章 褐榄仁

榄仁树主干

榄仁树

中文名： 褐榄仁

科名： 使君子科

属名： 诃子属

俗称及别名： 乌木、黑木、黑檀、黑紫檀

产地： 印度、马来西亚、越南、老挝、菲律宾、缅甸、太平洋诸岛等，我国云南靠近缅甸的地区也有分布。

榄仁树主干

榄仁树主干基部

榄仁树枝、果实

榄仁树叶背面和花序

榄仁树枝干

褐榄仁原材

榄仁树叶正面和花序

褐榄仁毛坯地板

○ 形态特征

树 半落叶乔木，树高15m或更高，胸径0.8m以上，树干粗壮，枝条水平轮生，老树会有板根、翅膀根的现象。

皮 树皮褐黑色，纵裂呈剥落状 ，树皮中厚，不易剥离，表皮具规则的浅纵裂，粗糙。 日晒后易小块脱落。内皮红棕色，韧皮纤维较发达。

叶 叶互生，常密集于枝顶，叶片表面光滑，枝可长达20cm以上。叶柄短而粗壮，被毛，叶片倒卵形，形状似倒立的提琴。

花 穗状花序腋生，长15~20cm，雄花生于上部，两性花生于下部；苞片小，早落；花多数绿色或白色，外面无毛，内被白色柔毛，萼齿5，三角形，与萼筒几等长；雄蕊10枚，长约2.5mm，伸出萼外；花盘由5个腺体组成，被白色粗毛；子房圆锥形，幼时被毛，成熟时近无毛；花柱单一，粗壮；胚珠2颗，倒悬于室顶。花期3~6月。

果 外形状似橄榄，种仁富含油质。果皮木质坚硬、无毛，成熟时青黑色；种子1颗，矩圆形。果期7~9月。

榄仁树叶背面和花序

○ 木材特征

颜色 芯边材区别明显，边材黄白色，芯材黑褐色。

纹路 纹理颇直，偶有交错，间有黄白色条纹。

生长轮 生长轮略明晰。

气味 无明显气味。

气干密度 木材含水率12时，气干密度0.56~0.76g/cm^3。

其他特性 榄仁木树种和产地很多，东南亚主要有褐榄仁、大翅榄仁、艳榄仁、油榄仁、阿江榄仁、毛榄仁和千果榄仁七种。其中褐榄仁最受市场欢迎，储蓄量、供应量也最大。在众多的分类中，榄仁木主要按颜色分为褐榄仁、黄榄仁及红褐榄仁三类。褐榄仁属于抗风耐湿的阳性树种，生命力极强，当秋末入初冬时，树叶由绿色转变为红色，落叶后的褐榄仁树展现出苍劲的枝干，雄伟壮丽。而初春来临时，嫩绿明亮的叶片又会带来新的生机，非常适合作为庭园观赏树种。由于生命力极强亦可作为海岸绿化树种。

褐榄仁木具树胶，具光泽，结构中，质重硬，强度高，干缩中。刨、锯加工略难，切面略起毛，砂光、油漆、胶粘及握钉性能中。耐腐，干燥略有开裂。褐榄仁同条纹乌木很相近，常常有家具经销商用它冒充条纹乌木来卖。不同的是褐榄仁的色偏灰黑，纹路不清晰，条纹乌木色漆黑透亮，纹路明晰，非常漂亮。但如果将两种木材均制成家具，加了色，上了漆，业内也很难分清楚这些区别。

○ 用途

褐榄仁目前市场存量很大。适用于制作轻型龙骨架、地板、胶合板、家具、室内装潢、细木工制品等 。

褐榄仁木纹

褐榄仁木色、木纹

褐榄仁木纹

褐榄仁木色、木纹

● 褐榄仁半成品战国椅一件
● 目前市场参考价 1500 ~ 2000 元

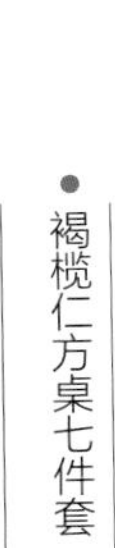

● 褐榄仁方桌七件套

● 目前市场参考价 6000 ~ 8000元

● 褐榄仁客厅组合沙发九件套

● 目前市场参考价 9000 ~ 13000元

● 褐榄仁架子床一组
● 目前市场参考价
39000～49000元

● 禍榄仁电视柜一件
● 目前市场参考价
2000～2500元

● 禍榄仁三人椅一件
● 目前市场参考价
2500～3500元

● 禍榄仁现代沙发八件套
● 目前市场参考价
10000～13000元

● 褐榄仁超大战国十六件套（靠背柱 24cm）
● 目前市场参考价 90000 ~ 130000 元

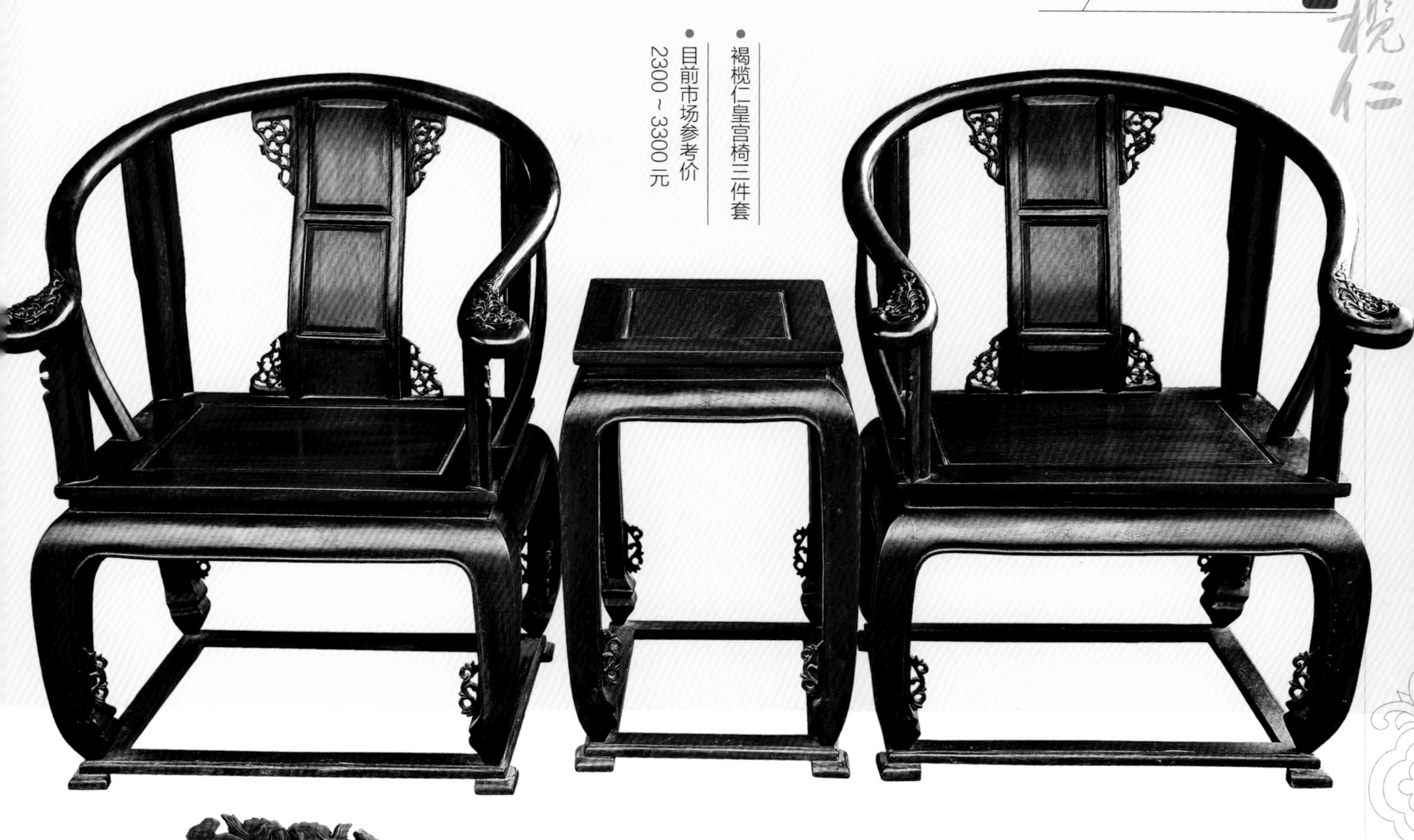

● 榀榄仁皇宫椅三件套
● 目前市场参考价 2300～3300元

● 榀榄仁竹节战国老沙发两件套
● 目前市场参考价 3000～4000元

● 榀榄仁仿古孔雀椅三件套
● 目前市场参考价 4000～5000元

● 榀榄仁宝鼎沙发十七件套
● 目前市场参考价 230000 ~ 280000元

第十六章 橡胶木

橡胶树

中文名：橡胶木

科名：大戟科

属名：橡胶树属

俗称及别名：三叶橡胶、巴西橡胶

产地：原产巴西；广泛栽培于亚洲热带地区；中国热带、亚热带的海南、广东、广西、福建、云南等地区栽培很多。

橡胶树林

橡胶树花序

橡胶树林

○ 形态特征

树 乔木，有乳状汁液，要求年平均降水量在1150~2500mm，但不宜在低湿的地方栽植，适于在土层深厚、肥沃而湿润、排水良好的酸性砂壤土生长。实生树的经济寿命为35~40年，芽接树为15~20年，生长寿命约60年。橡胶树为中国植物图谱数据库收录的有毒植物，其毒性为种子和树叶有毒，小孩误食2~6粒种子即可引起中毒，症状为恶心、呕吐、腹痛、头晕、四肢无力，严重时出现抽搐、昏迷和休克。牛食后也能引起中毒。

皮 中幼树皮灰白色。老树皮褐黑色，纵裂呈剥落状，树皮中厚，不易剥离，表皮具规则的浅纵裂，粗糙。 日晒后易小块脱落。

叶 小叶椭圆形，长10~20cm，宽4~8cm，顶端短尖至渐尖，基部楔形，全缘，两面无毛；侧脉10~16对，网脉明显；小叶柄长1~2cm。

花 花序腋生，圆锥状，长达16cm，被灰白色短柔毛；雄花：花萼裂片卵状披针形，长约2mm，雄蕊10枚，排成2轮，花药2室，纵裂；雌花：花萼与雄花同，但较大，花柱短，柱头3枚。花期5~6月。

果 蒴果椭圆状，直径5~6cm，有3纵沟，顶端有喙尖，基部略凹，外果皮薄，干后有网状脉纹，内果皮厚，木质；种子椭圆状，淡灰褐色，有斑纹。果期7~9月。

橡胶树主干

橡胶树叶

橡胶树主干基部

橡胶树主干基部

橡胶树幼叶

橡胶树叶正面

橡胶树叶背面

橡胶树叶背面

橡胶树叶正面

○ 木材特征

颜色 芯边材区别不明显，边材白色，芯材白黄红色。

纹路 纹理颇直，间有红褐色点、条状纹路。

生长轮 生长轮明晰。

气味 有明显的酸臭气味。

气干密度 木材含水率12时，气干密度0.46~0.560g/cm^3。

其他特性 橡胶木颜色呈白黄色，木质中硬，质地疏松，价格比较便宜。我国是橡胶木的生产大国，所以橡胶木原材料非常多，国产价格在2000～2500元/m^3，与国产其他杂木价格差不多，十分便宜，但是，橡胶木的木质比普通杂木好得多。橡胶木是散孔材，薄壁细胞短切线状或围孔状，具结晶细胞，适合制作造型优美、曲线柔和的产品。橡胶木色泽浅，容易着色，能接受所有颜色的染色和涂料，易与别种木材的颜色基调相配合，是密度板和刨花板的原材料。

缺点：必须经过化学脱脂排酸处理，过敏者不宜用。橡胶木制作的家具因含糖分多且不易去除，容易开裂、易变色，酸臭味大、易腐朽和虫蛀。

橡胶木地板木纹

橡胶木板枋

○ 用途

随着家居市场的发展，橡胶木被越来越广泛地运用到中、低档的家具制作中。橡胶木适用于制作轻型骨架、地板、胶合板、家具、室内装修、细木工制品等 。

橡胶木小枋材

● 橡胶木现代书房组合家具五件套

● 目前市场参考价 7000～9000元

● 橡胶木现代休闲桌五件套

● 目前市场参考价 2500～3000元

● 橡胶木现代休闲桌五件套

● 目前市场参考价 2500～3000元

● 橡胶木现代餐厅多用柜一件
● 目前市场参考价 1800～2000元

● 橡胶木现代餐厅多用柜一件
● 目前市场参考价 2200～2800元

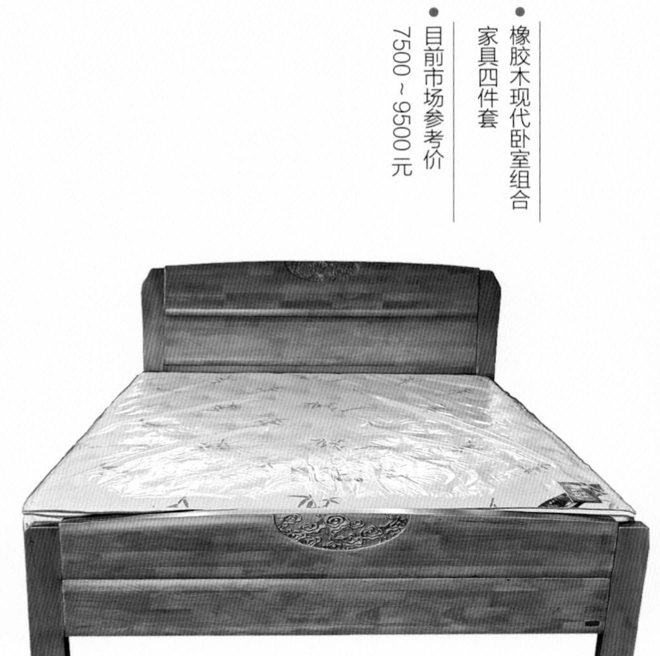

● 橡胶木现代卧室组合家具四件套

● 目前市场参考价 7500～9500元

● 橡胶木现代客厅组合家具六件套

● 目前市场参考价 9000～12000元

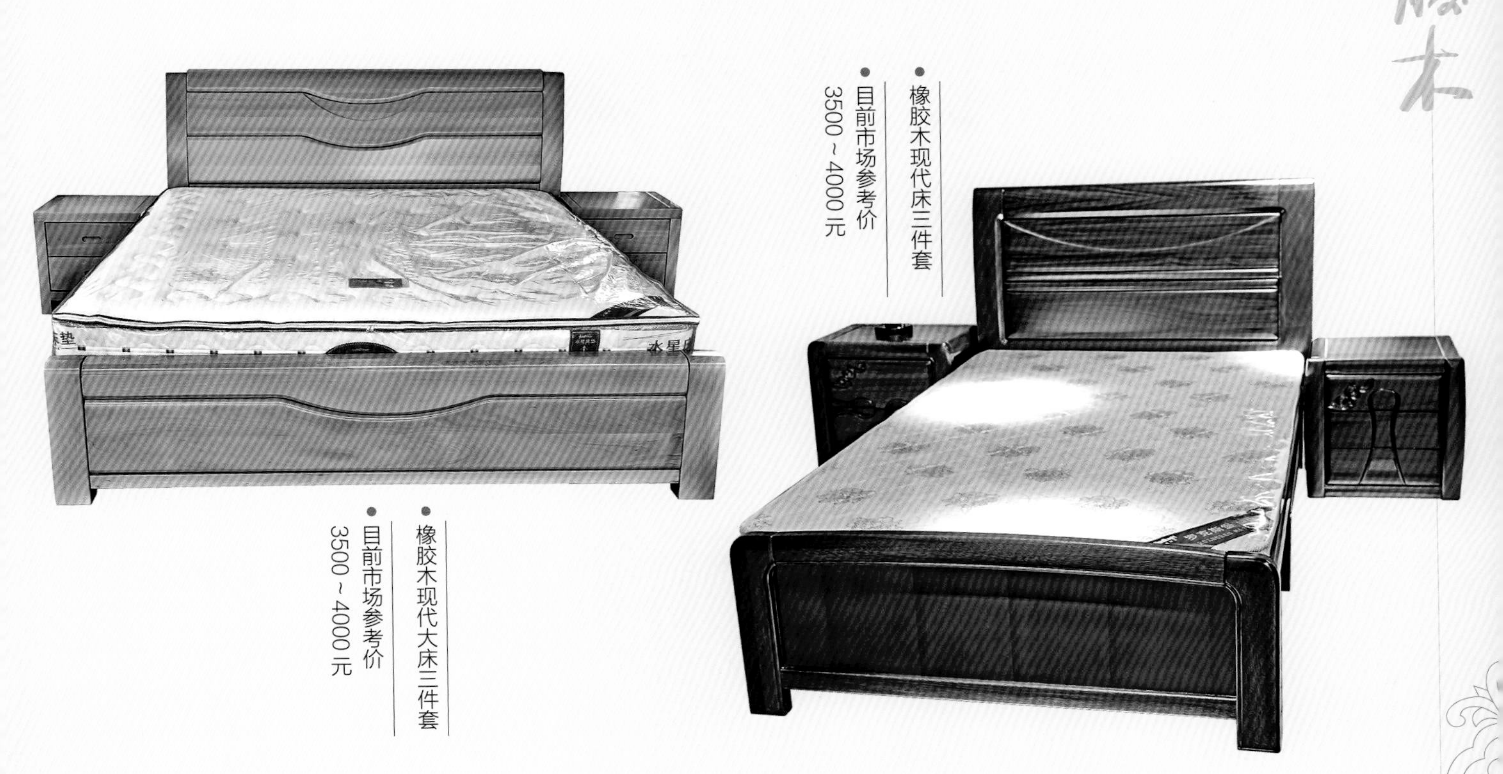

● 橡胶木现代大床三件套
● 目前市场参考价 3500～4000元

● 橡胶木现代床三件套
● 目前市场参考价 3500～4000元

● 橡胶木现代客厅组合家具九件套
● 目前市场参考价 11000～15000元

● 橡胶木现代大床三件套
● 目前市场参考价 3500～4000元

● 橡胶木现代大床三件套
● 目前市场参考价 3500～4000元

● 橡胶木现代卧房组合家具
● 目前市场参考价 7000～9000元

第二篇

柴木家具的榫卯结构
部件装饰
雕刻纹饰
雕刻技艺
及家具知识

第一章

柴木家具榫卯结构

现代柴木家具一部分继承了明清家具的传统工艺，一部分主要为中西式结合的软体家具和纯木家具。本章主要介绍仿古中式柴木家具的榫卯结构。中式家具，全凭榫卯结构把各种部件组装在一起成为一件精美家具。榫卯结构来源于古建筑，在明清家具中得到极大发展。榫卯设计科学，加工艺术精湛，相互结合严密，令世人惊叹。这种结构方法是中华民族智慧的结晶，是中华民族对世界木制品业和家具业的重大贡献。现代柴木家具的生产全部采用专门的机械生产，开出的榫卯更精确，家具部件组装在一起更加严丝合缝，这使得家具更加美观、牢固和耐用。

柴木家具榫卯结构比较复杂，可分为几十种，同一榫卯结构不同地区的师傅有时称谓也不同。目前常见的柴木家具制作中使用的传统结构有：格肩榫、攒边装板与龙凤榫加穿带、燕尾榫、长短榫、夹头榫、插头榫、抱肩榫、直材角接合榫、弧形接头榫等。常用的现代结构有：机制眼、机制榫、机制弧形接头等。本书的榫卯结构种类主要参考了胡德生主编的《明清家具鉴藏》并选了目前柴木家具制作上常见、常用的几种来介绍。

一、龙凤榫加穿带

在制作柴木家具的宽面板时，往往需要较宽的板材，可是目前名贵的柴木大原材越来越少，能做宽面板的料极其难得，用龙凤榫加穿带的方法就完全可以解决这一问题。即，当一块木板不够宽需要两块或三块甚至三块以上木板拼起来时，就可采用龙凤榫加穿带的方法。龙凤榫加穿带是我国家具制作中的发明创造，是对世界家具制造业的一大贡献。

在制作柴木家具中，为使木板结合牢固，不易翘裂，就在一块木板的长边上刨出上大下小的长榫，再把与它相邻的拼板长边开出对应的木槽，把两块板拼在一起，这样的榫卯就

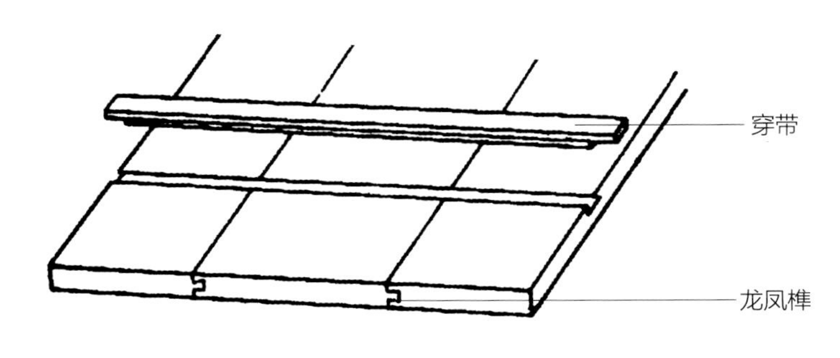

龙凤榫加穿带

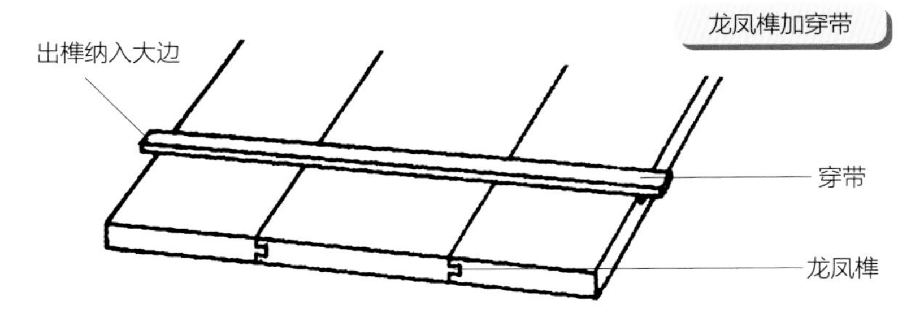

叫“龙凤榫”。用龙凤榫不但加宽了板面，同时也防止了拼板横向拉开和上下翘错变形。如果两块木板刚好够宽，再做榫舌不够宽时，也可在两块木板上都开槽，中间嵌一根木条作榫舌。拼板做好后，在横贯拼板的背面，开个下大上小的槽口，称为“带口”，做一根与“带口”形状大小相反的梯形木条，称为“穿带”。带口及穿带的梯形长榫做成一端稍窄一端略宽，安装时，由长榫宽处推向窄处。穿带两端出头留作榫子。穿带数量视拼板宽度而定，一般每隔40cm做一条为宜。在拼板四周刨出的榫舌叫“边簧”，以便装入木框内。

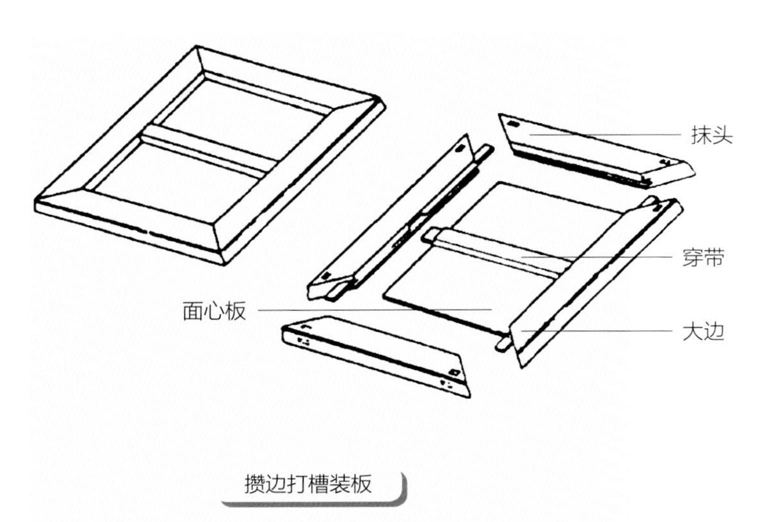

攒边打槽装板

二、攒边打槽装板

四根木框，两根长而出榫的称“大边”，两根短而凿眼的称“抹头”。在木框内打好槽，将木板“边簧”放入槽内，穿带出头的部分插入大边的榫眼内。把木板装入木框的做法叫作“攒边打槽装板”。此做法能使小料变大料，特别是具有花纹的木材部分全露在外面，而横断面都不在视线内，所以攒边打槽装板是一种经济、美观又科学合理的方法。攒边打槽装板的作用：一是解决了窄面板变宽面板的问题；二是解决了横断面难以处理的开裂和难磨光问题；三是控制了木材收缩和变形的问题。攒边打槽装板是我国家具制作中的重大发明创造，是中华民族智慧的结晶。

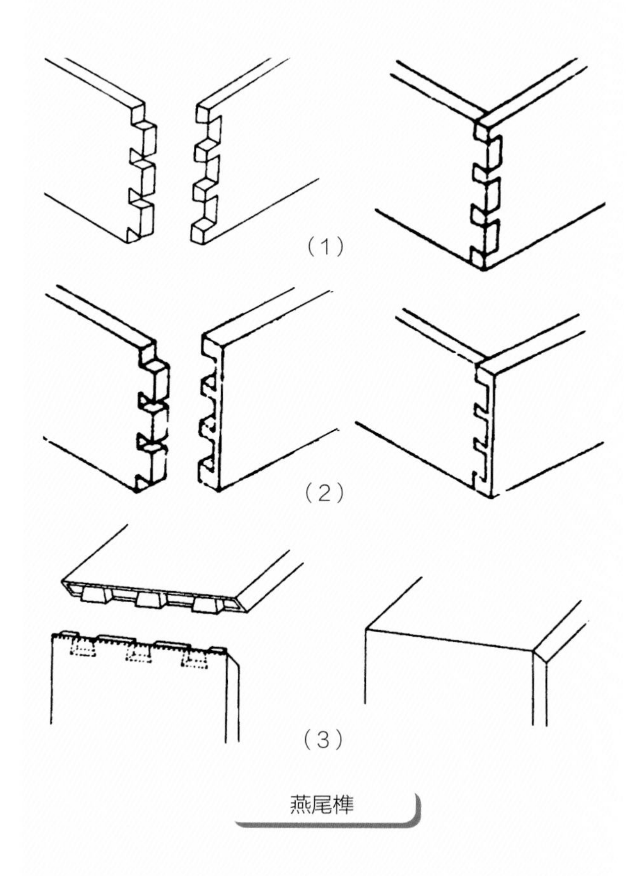

燕尾榫

三、燕尾榫

一般做抽屉、木箱的立墙板的是两块木板直角相交，为了防止直角拉开，榫头多做成半个银锭形，这就是家具中称的“燕尾榫”。燕尾榫有下面几种制作方法：

1. 两面都可见的明榫，此种方法在普通家具中常见。

2. 正面不露榫，侧面露榫，称为“半隐燕尾榫”。

3. 正面和侧面都不露榫，称“闷榫”或“暗榫”，或称“全隐燕尾榫”。柴木家具多采用“半隐燕尾榫”，其优点是外面整洁、美观，装饰效果好。

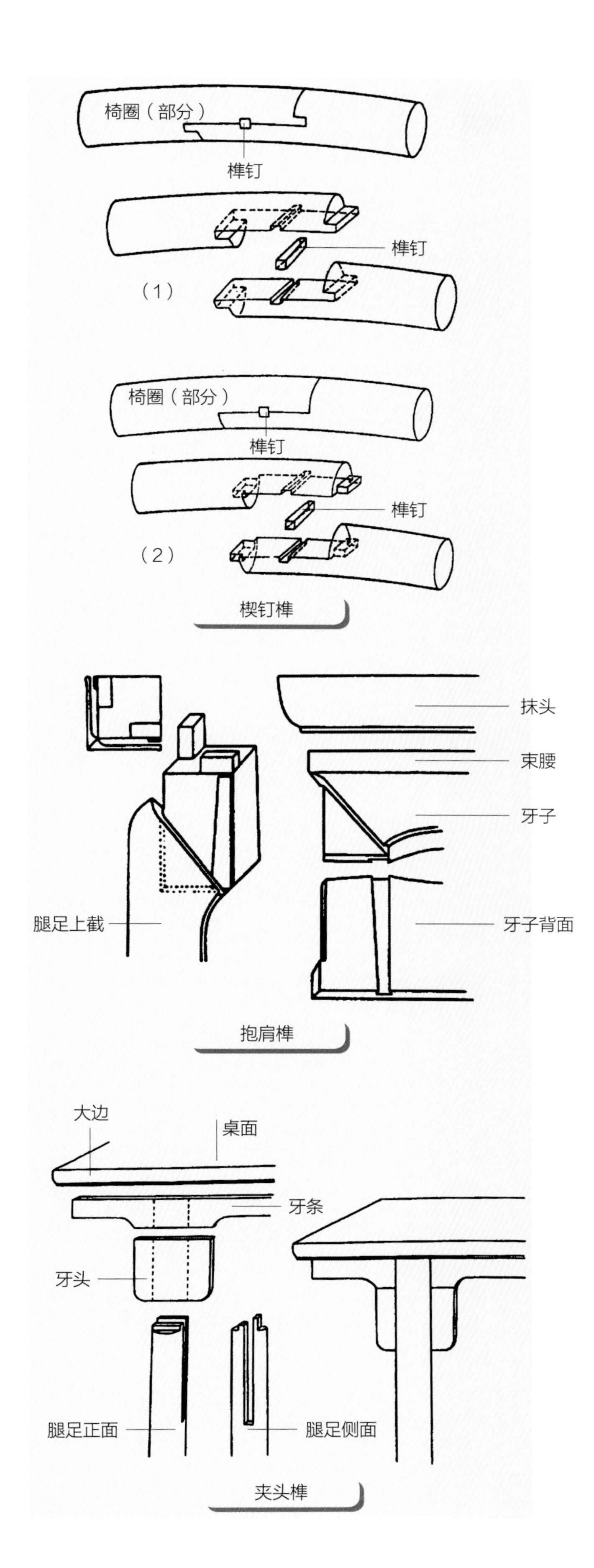

楔钉榫

抱肩榫

夹头榫

四、楔钉榫

皇宫圈椅的月牙扶手，圆桌面、香几面的边框及托泥等多用楔钉榫，它是弧形材或弯材的一种联结方法。楔钉榫是两块榫头搭接，在榫块端头各做出小舌及凹槽，在小舌入槽后两片榫头就紧紧贴在一起，使其不能上下移动。然后在接口中部凿一方孔，将一个断面做成方形，头稍细、尾略粗的楔钉穿入方孔，固定牢，这样两块榫头就不能拉开，而把两个弧形材联结在一起。楔钉榫通常有明榫头和暗榫头两种做法。

五、抱肩榫

抱肩榫广泛用于有束腰的各种柴木家具上，是腿足、牙条、束腰与面子结合部位的榫卯结构。在腿的上端留一长一短两个榫，长榫插入“大边”的榫眼上，短榫插在“抹头”的榫眼上。在束腰部位以下，切出45°斜肩，并凿出一个三角形榫眼，以便与牙子45°斜尖及三角形的榫子相合。有的在斜肩上还制作上小下大、断面为半个银锭形的挂销，与牙条背面的槽口套挂，这样做可使腿足和牙子接合得更紧密。束腰，有的是和牙子一起连做，有的分做。前者较为合理。

六、夹头榫

夹头榫是条案、画案、酒桌和条凳常用的榫卯结构。其做法是在四足的顶端开榫，与案面下的榫眼结合。在腿的上端开口，在口内嵌牙条及牙头，其外观是腿在牙条及牙头之上。四足把牙条夹住，上支撑案面，使案面和腿的角度不易变动，并能把案面的重量分配到四足上。

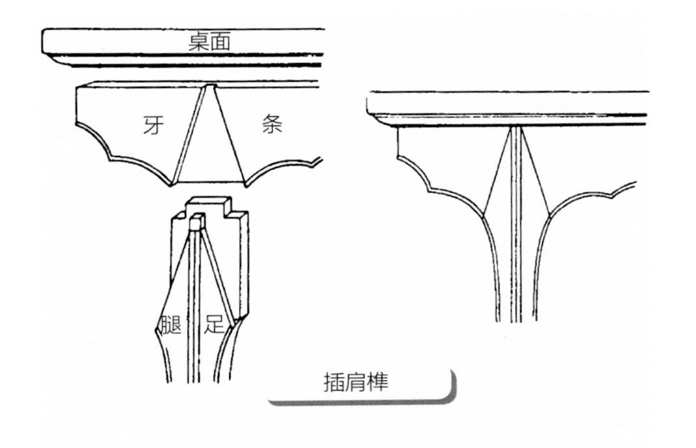

插肩榫

七、插肩榫

插肩榫与夹头榫相似，是酒桌、条案和画案常采用的榫卯结构。腿上端开口嵌夹牙条，榫头插入面子边框的榫眼。但在腿的上端外部削出斜肩，牙条与腿相交处剔出与腿部相应大小的槽口，当牙条与腿部扣合时，即将腿的斜肩夹起来，形成平整的表面。当插肩榫的牙条受力时，与腿的斜肩结合得更紧密，这就是与夹头榫的不同之处。

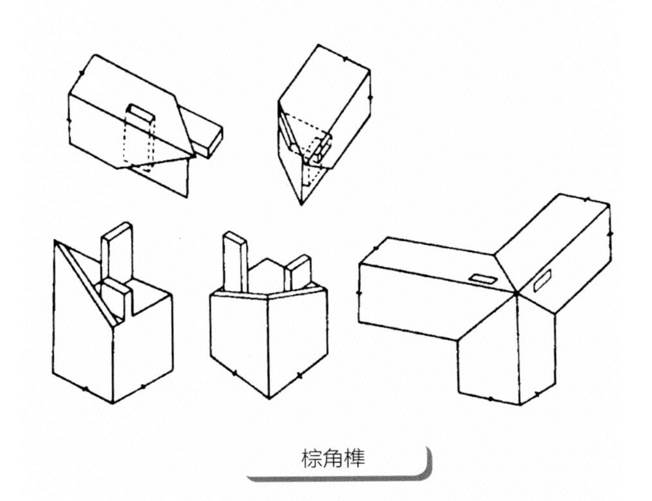
棕角榫

八、棕角榫

棕角榫是常用在桌子、书架和柜子等柴木家具上的榫卯结构。其优点是整齐美观，不足之处是榫卯过于集中，影响家具的牢固性。如果是用在桌子上，应有横掌或霸王掌等将腿固定，否则是不够牢固耐用的。桌子用的棕角榫与书架和柜子上用的棕角榫略有区别，书架和柜子通常较高，腿上的长榫可以用透榫，因为它不在视线内，不影响美观，而桌面要求光洁，所以腿足上的长榫不宜用透榫超出大边。

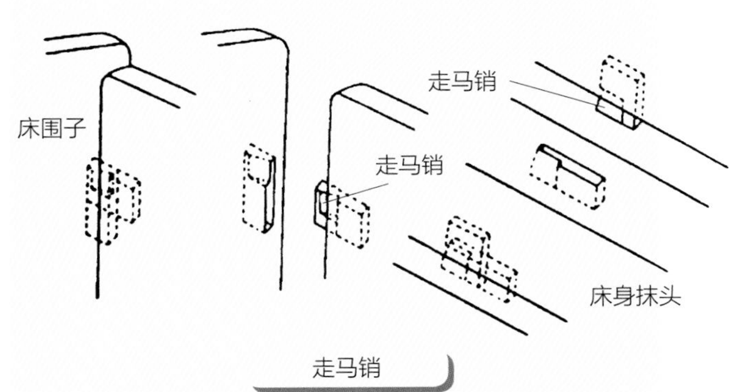

走马销

九、走马销

走马销结构常用在两个可装卸的构件之间，但不是在构件上开榫，而是用另外的木块做成榫插到构件上。做法是榫销下大上小，而榫眼开口是半边大、半边小。安装时是榫销从榫眼开口大的半边插入，推向开口小的半边，就销牢了。罗汉床围子与围子之间多用此手法。

十、丁字形接合

丁字形接合指横竖材垂直相交接合的结构。如桌子、凳子的腿和横掌的接合都属于丁字形接合的结构。由于用料有圆材、方材和粗细的不同，其制作方法各异。

1. 圆材的丁字形接合：横竖材一样粗，则掌子里外皮作肩，榫子留在掌子中间。腿粗、横掌细，掌子外皮不交圈，但掌子还是里外皮作肩，则掌子外皮后退，榫子留在月牙形圆的正中间。如果作交圈，掌子的外皮和腿的外皮在一个平面上，则掌子的外部作肩，内部作榫。这样的榫子肩下空隙较大，故称“飘肩”，也有人称“蛤蟆肩”。

2. 方材的丁字形接合：方材的丁字形接合一般用交圈的“格肩榫”。具体做法有“小格肩”“大格肩”“实肩”和“虚肩”等。小格肩是把三角的尖头切去，这样在竖材上做榫眼可以少剔去一些木材，使直材更坚牢一些。实肩的尖头是实的，表里一致；虚肩的尖头下部分是空的，也有人称为“飘肩”。

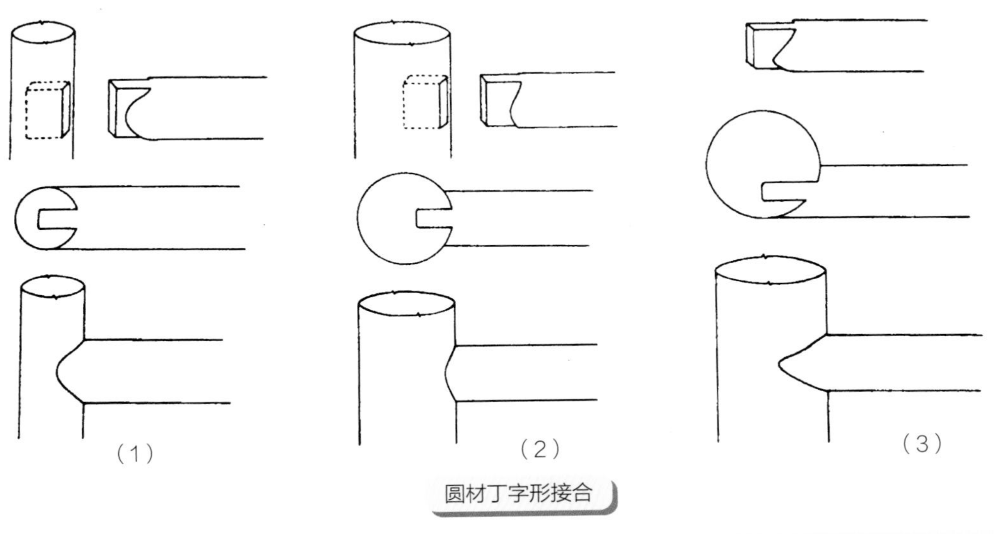

圆材丁字形接合

丁字形接合的榫卯有“透榫”和“半榫”之分。透榫指榫头穿透榫眼，榫的断面外露，用此法做的榫卯比较结实，多用在小面上。半榫是指榫头不穿透榫眼，榫头断面不外露，比较整洁、美观，因而多用在大面上。为了不影响家具的坚实性，在做榫卯时彼此避让。如椅子的四根管脚掌，正面的一根低一些，目的是为了脚踏，侧面的两根提高一些，最后一根又低一些，这是“赶掌”的做法之一。另一种做法是正面的一根最低，两侧的两根稍高，后面的一根更高，名为“步步高掌”。目的是榫卯不集中在一起，不影响家具的坚固性。

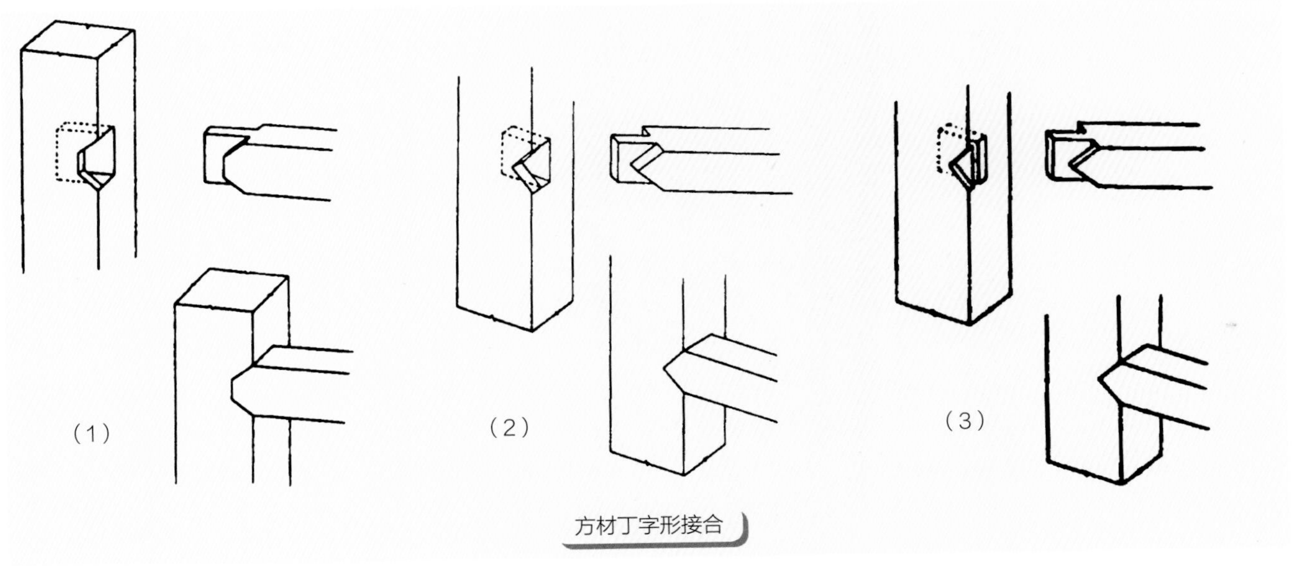

方材丁字形接合

十一、裹腿

裹腿掌结构常用在圆腿家具上，稀用在方腿上。裹腿掌表面高出腿部，两掌在腿转角处相交，将腿包起来。腿与两掌相交处削圆成方，以便嵌纳掌子。掌子端头外皮切成45°角，与相邻的掌格角相交，裹皮留榫，放入腿部的榫眼。

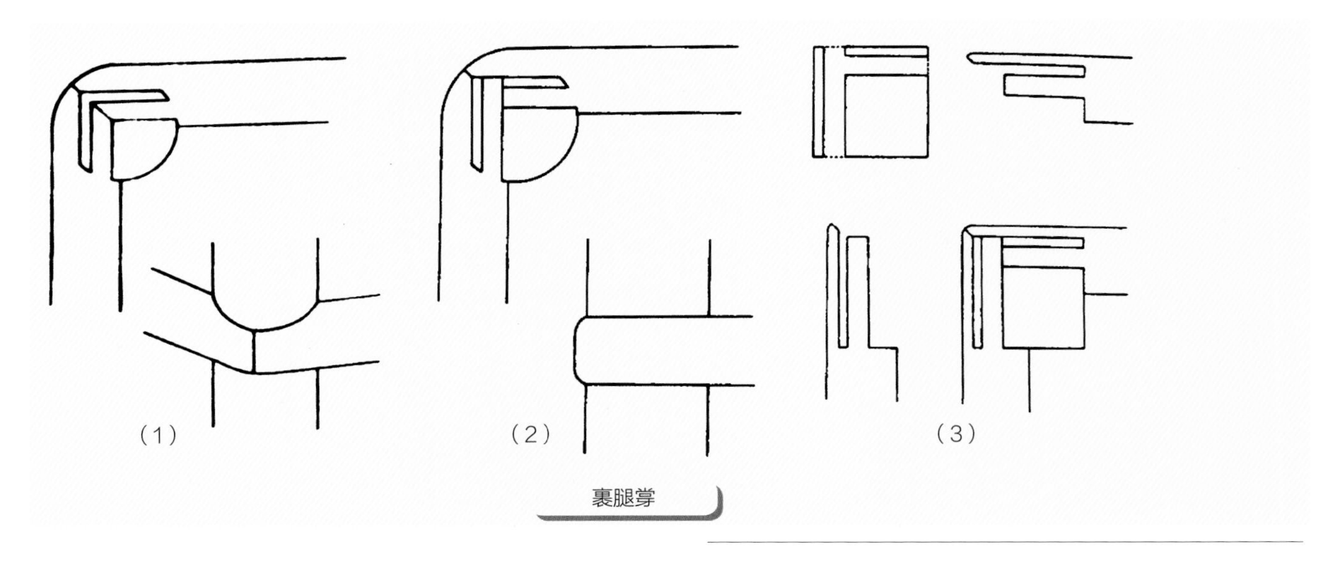

裹腿掌

十二、直材角接合

椅子靠背的转角，床围子中构成图案的横竖短材都是直材角接合。它们有的是45° 相交，有的横材尽头稍做转弯头，与直材相交。前者为单闷榫，或者一单一双；后者多为单闷榫，因外形似烟斗，所以俗称“挖烟锅袋”。

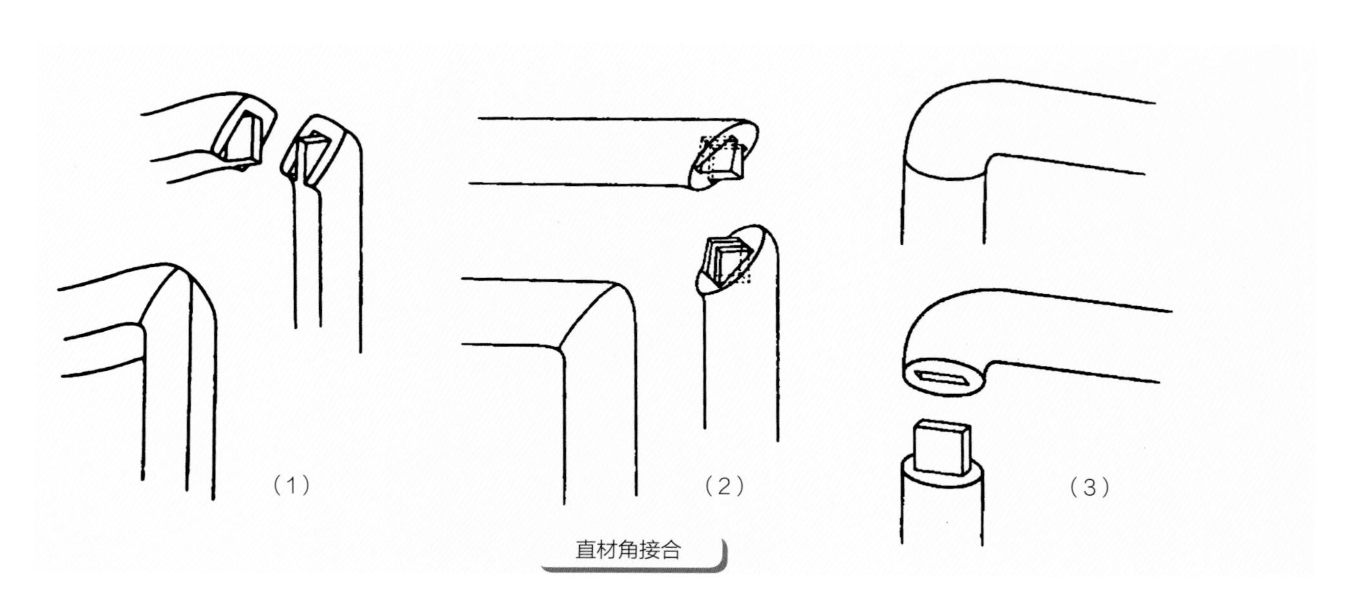

直材角接合

第二章 柴木家具部件装饰

中国是木质家具的生产大国，历史上南北工艺、结构、装饰上的差异导致木质家具的结构及部件装饰种类起码有上百种，各地区的工匠大师们的称呼又不尽相同，但现代柴木家具的结构与部件与古典红木家具没有太大区别。装饰大多数是在实用的基础上，再赋予必要、精美和现代的艺术装饰，很少有毫无意义的造作之举。常见的结构及部件装饰有：替木牙子、圈口与壶门券口、绦环板、挡板、罗锅掌与矮佬、霸王掌、搭脑、扶手、灯草线、打洼、裹腿与裹腿劈料做法、面沿、拦水线、束腰、马蹄形装饰、腿脚装饰等等。结构及部件的装饰不仅起到装饰作用和美观效果，更重要的是它还能起到固定柴木家具结构部件的作用。本章挑选了目前柴木家具制作中常见、常用的几种来介绍。

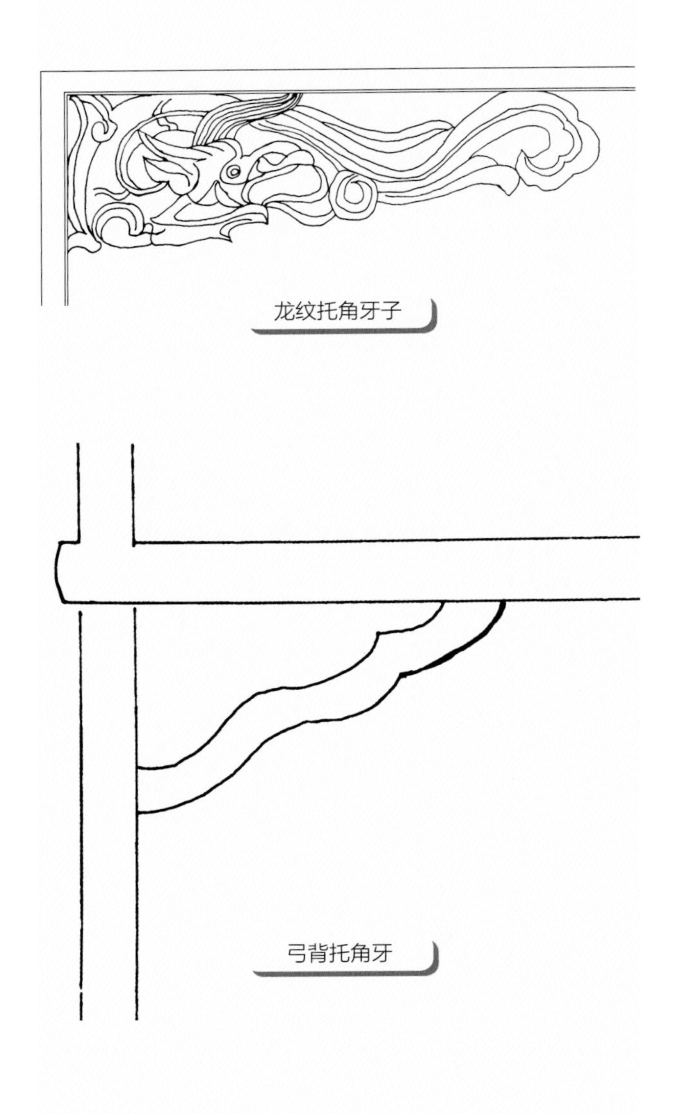
龙纹托角牙子

弓背托角牙

一、替木牙子

现代柴木家具结构及部件装饰的手法大多仿效建筑的形式。如替木牙子，犹如建筑上承托大梁的替木。替木牙子又称托角牙子或倒挂牙子。替木牙子多用在家具横材与竖材相交的拐角处。也有的在两根立柱中间横木下装一块长牙条的，犹如建筑上的“枋”，它和替木牙子都是辅助横梁承托重量的。托角牙有牙头和牙条之分，一般在椅背搭脑和立柱的接合部位，或者扶手与前角柱接合的部位，多使用牙头，而在一些形体较大的器物中，如方桌、长桌、衣架等，则多使用托角牙条。一般古典家具的替木牙子通体使用一种木材，现代柴木家具的替木牙子为了使家具更有层次感，通常会用较起眼的其他颜色的木头作替木牙子。古典明清家具中，除牙头和牙条外，还有各种造型的牙子，如：云拱牙子、云头牙子、弓背牙子、棂格牙子、悬鱼牙子、流苏牙子、龙纹牙子、凤纹牙子或各种花卉牙子等。现代柴木家具中，替木牙子的种类也越来越多，除古典家具中常见常用的以外，具有现代气息的雕花鸟兽牙子、福字牙子、喜字牙子、灯笼牙子也较多。这些富有装饰性的各式各样的牙子，既美化装饰了家具，同时在结构上也起着承托重量和加固结构的作用。

二、圈口与壶门券口

圈口是装在四框里的牙板，四面或三面牙板互相衔接，中间留出亮洞，故称圈口。常用在案腿内框或亮格柜的两侧，有的正面也用这种装饰，结构上起着辅助立柱支撑横梁的作用。常见有长方圈口、鱼肚圈口、椭圆圈口或海棠圈口等。圈口有用线条拉边的，有光素板的，有雕花的，有用颜色更显眼的别的木头制作的，总体来说还是根据家具款式来选用装饰种类。三面圈口多为壶门式，圈口以四面牙板居多，因其下边有一道朝上的牙板，在使用中就必然要受到限制，尤其在正面，人体身躯和手脚经常出入摩擦的地方，很少有朝上的装饰圈口出现。因此在众多的家具实物中，凡使用这种装饰的，都在侧面或人体不易接触的地方，如翘头案腿间的圈口、书格两侧的亮洞等。

壶门券口与以上所说略有不同。皇宫椅和官帽椅的正前方的装饰就是采用壶门券口。通常所见以三面装板居多，四面极为少见。壶，本意指皇宫里的路，壶门，即皇宫里的门。它和其他各种圈口不同的是没有下边那道朝上的牙板。也正由于这一点，它不仅可在侧面使用，而且在正面也可以使用。

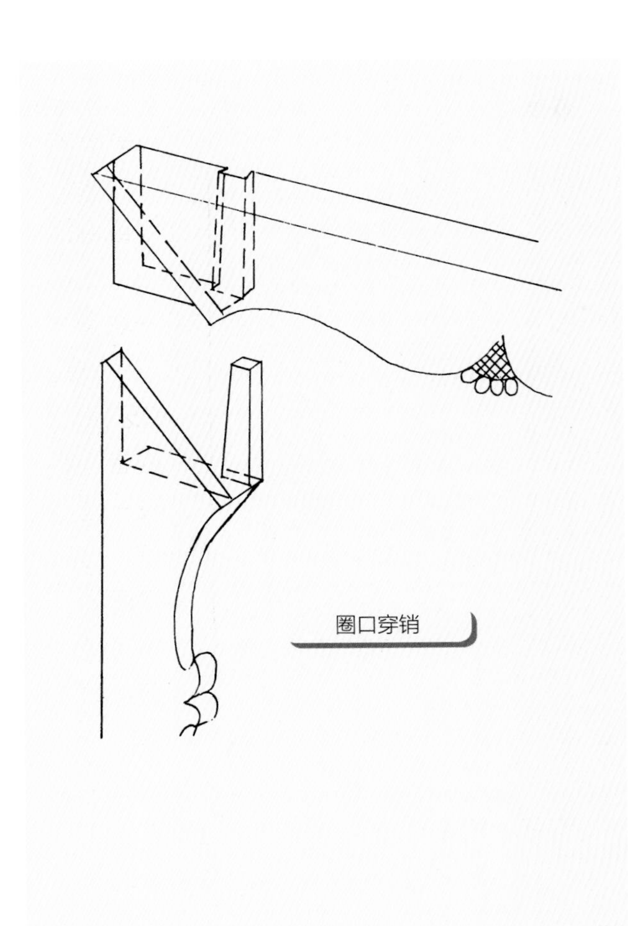

圈口穿销

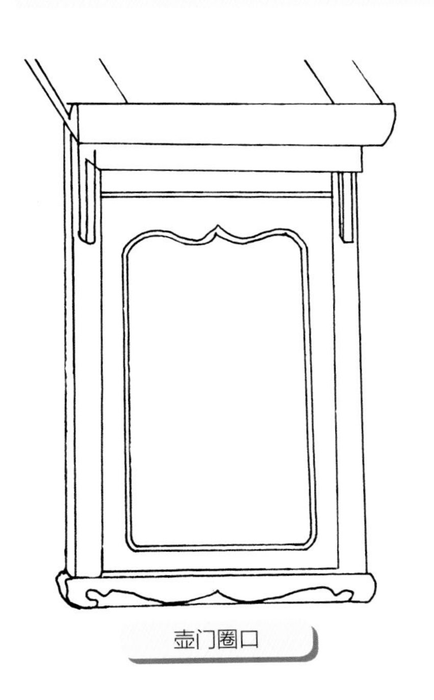

壶门圈口

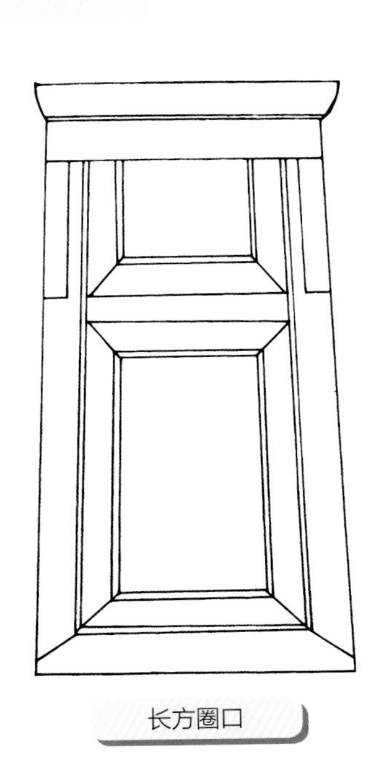

长方圈口

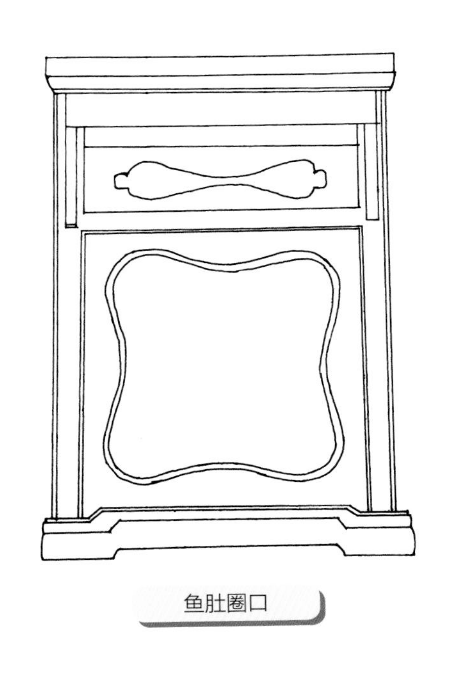

鱼肚圈口

香枝木挡板

花梨木翘头案挡板

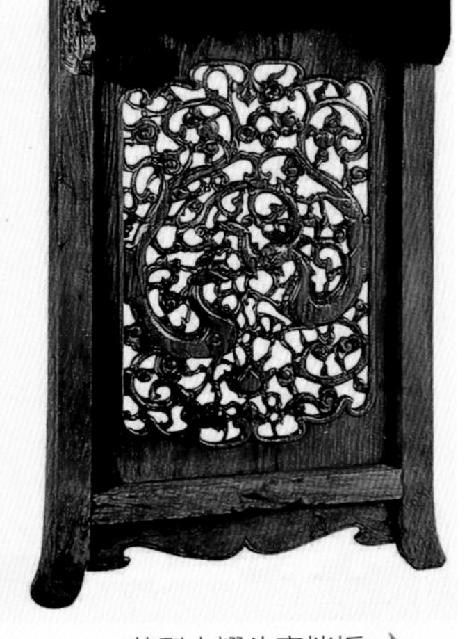
花梨木翘头案挡板

三、挡板

挡板的使用与圈口大体相同，起着加固四框的作用。最大的区别是，挡板一般都是满板，圈口一般都是中间留空洞。挡板的做法是用一整块木板镂雕出各种花纹，也有用小块木料做榫攒成棂格，镶在四框中间，发挥着装饰与结构相统一的作用。

四、绦环板

绦环板，是在家具竖向板面四边的里侧浮雕一道阳线，板面无论是方还是长方，每边阳线都与边框保持相等的距离。在抽屉脸、柜门板心、柜子的两扇镶板、架子床的上楣部分和高束腰家具的束腰部分，常使用绦环板这个部件。绦环板的上下两边镶入四框的通槽里，有的在桌子的束腰部分使用绦环板，桌牙通过束腰部位的绦环板和矮佬支撑着桌面。大多数家具都有绦环板装饰部件，柴木家具通常使用光素手法绦环板装饰。从整体看，采用高束腰的目的在于拉大牙板与桌面的距离，从而也拉长了桌腿与桌面、桌牙的接合距离。这时桌牙实际上代替了低束腰桌子的罗锅掌，从而进一步固定了四腿，提高了四足的牢固性。绦环板内一般施加适当的浮雕，或中间镂一些孔，也有的采用光素手法，环内无雕饰，既保持素雅的艺术效果，又有活泼新奇之感。

螭纹绦环板

五、罗锅枨与矮佬

罗锅枨在柴木家具中大量使用，是柴木家具重要的结构及部件装饰。所谓罗锅枨，即横枨的中间部位比两头略高，呈拱形，或曰“桥梁形”，现在南方匠师还有称其为“桥梁档”的。在北方，人们喜欢把两头低、中间高的桥用人的驼背来形容，称“罗锅桥”，因而把这种与罗锅桥相似的家具部件统称为罗锅枨。在罗锅枨的中间，大多用较矮的立柱（矮佬）与上端的桌面连接。

罗锅枨与矮佬通常相互配合使用，其作用同样是固定四腿和支撑桌面。这种部件都用在低束腰或无束腰的桌子和椅凳上。矮柱俗称矮佬，一般成组使用，多以两只为一组，长边两组，短边一组。罗锅枨的造型，在结构力学上的意义并不大，装饰意义大于固定作用，之所以这样做，目的是增加使用功能，同时又打破那种平直呆板的格式，使家具增添艺术上的欣赏性。

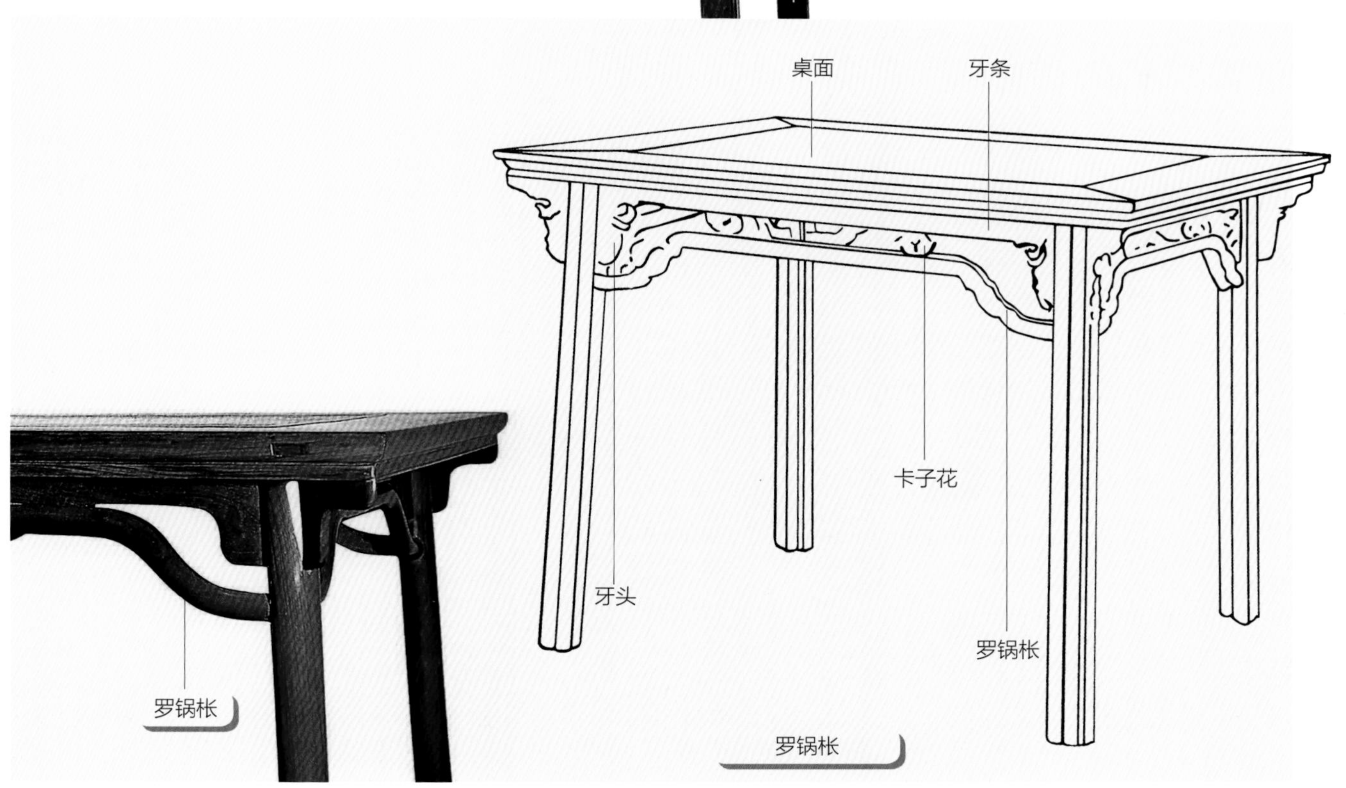

罗锅枨

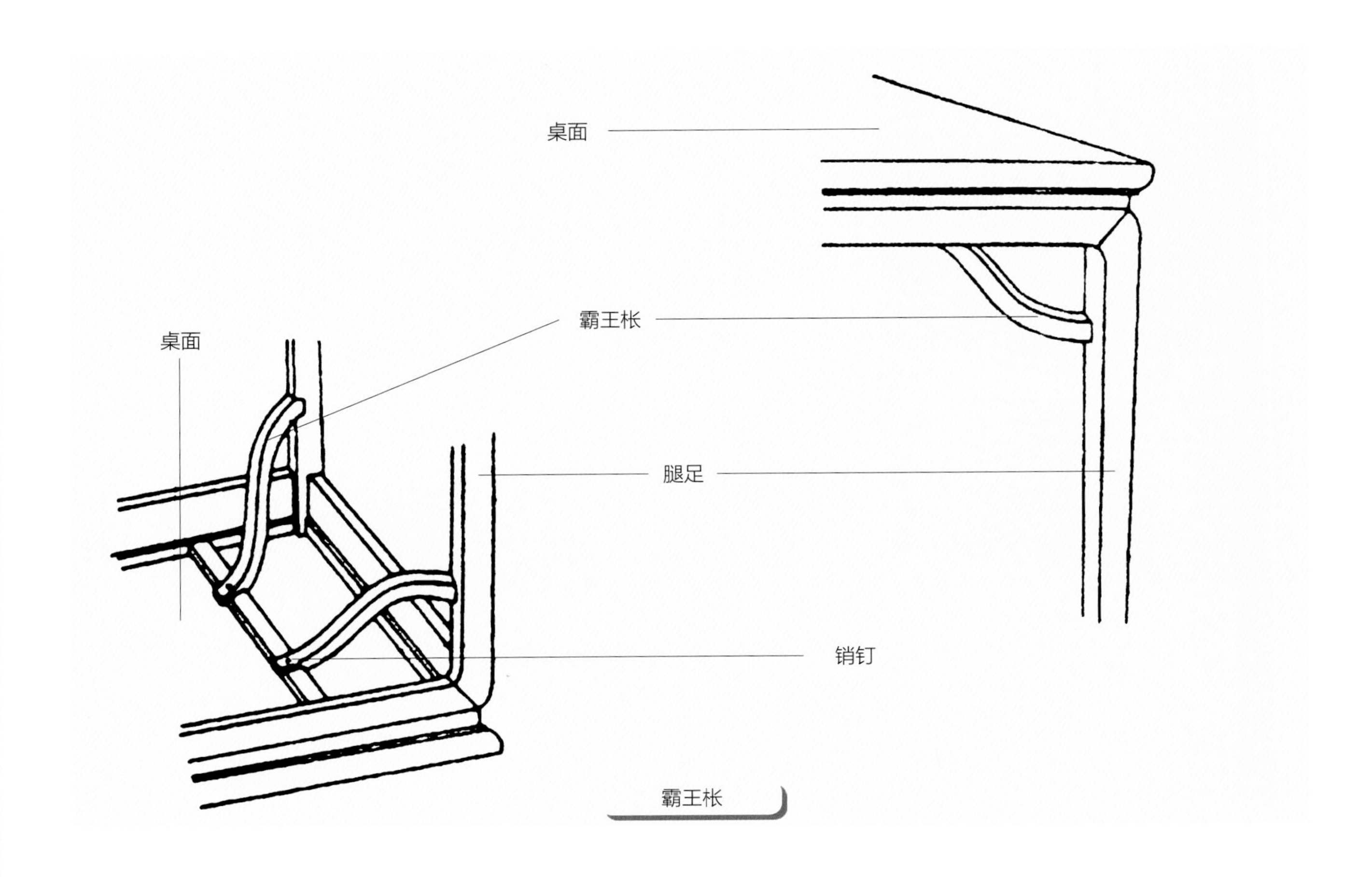

霸王枨

六、霸王枨

霸王枨是装饰在低束腰的长桌、方桌或方几上的一种特殊的结构部件。霸王枨在柴木家具中大量使用，是古典柴木家具不可或缺的重要结构及部件装饰，目的是加强桌面承重的能力。其形式与托角牙条相似，其做法是用斜枨上端托着桌面上的穿带，用销钉固定；枨子下端用的是“钩挂垫榫”，把枨子削成半个银锭形，榫头向上钩，而腿上的榫眼是下面大上面小，银锭形榫由下面开口较大处插入，向上一提，便被上部开口较小的榫眼扣住，下面空隙再塞木楔，枨子就被卡住，拔不出来了。

霸王枨

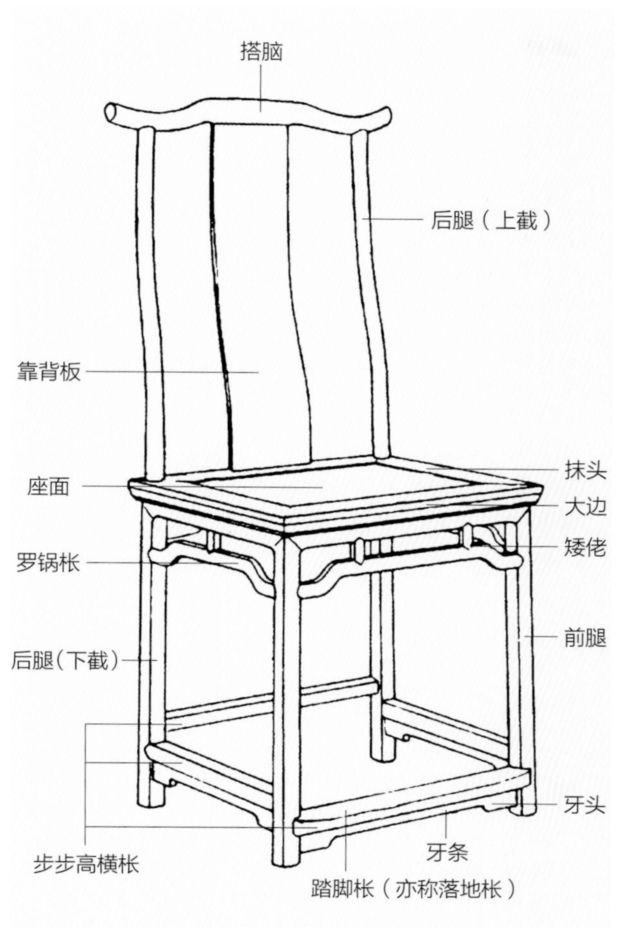

七、搭脑

搭脑，是装在椅背之上，用于连接立柱和背板的结构部件，位置正中稍高，并略向后卷，以便人们休息时将头搭靠在上面，故得名。四出头式官帽椅的搭脑两端微向下垂，至尽头又向上挑起，有如古代官员的帽翅。南官帽椅的搭脑向后卷的幅度略小，还有的没有后卷，只是正中稍高，两端略低，尽端也没有挑头，而是做出软圆角与立柱相连。

八、扶手

扶手，是装在椅子两侧供人架肘的构件。凡带这种构件的椅子均称为扶手椅。扶手的后端与后角柱相连，前端与前角柱相连，中间装联帮棍。扶手的形式多样，有板形，有曲式，有直式，有平式，也有后高前低的坡式。

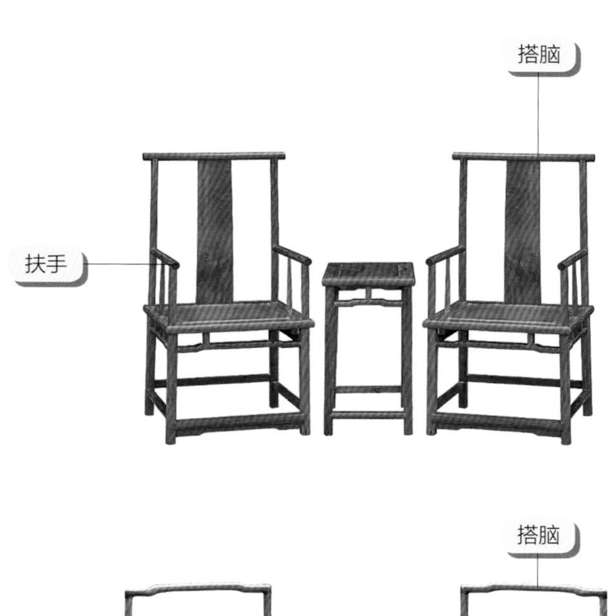

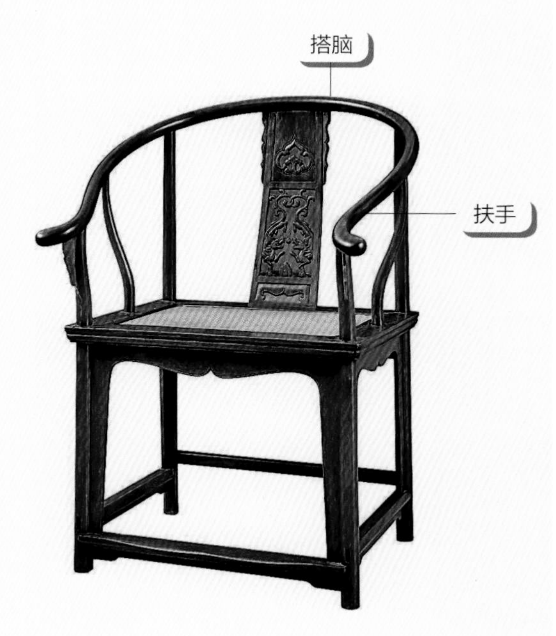

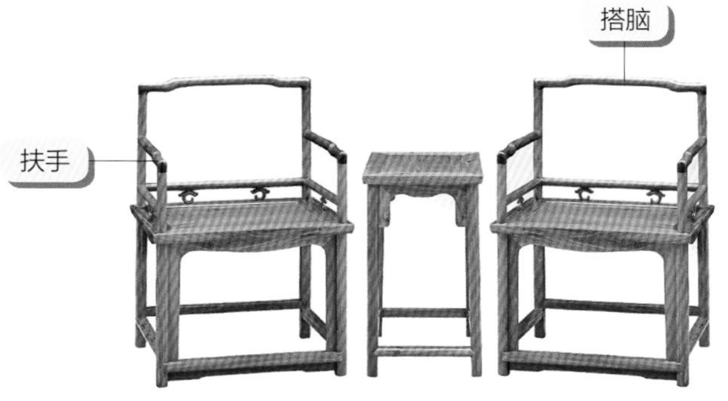

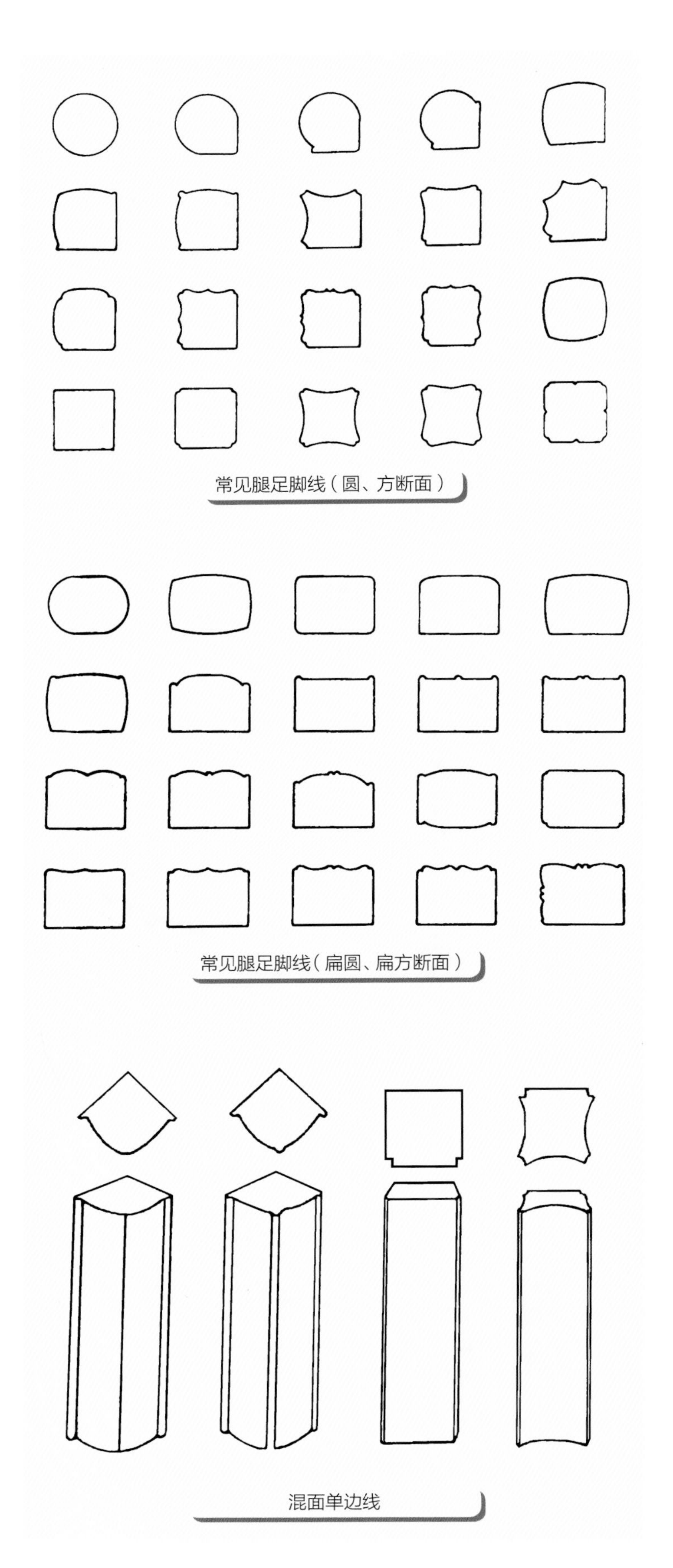

常见腿足脚线（圆、方断面）

常见腿足脚线（扁圆、扁方断面）

混面单边线

九、灯草线

柴木家具的线脚装饰中有一种重要手法叫作“灯草线”，即一种圆形细线，以其形似灯芯草而得名。一般用在小型桌案的腿面正中，由于上下贯通全腿，又称通线。灯草线在柴木家具腿脚上运用较普遍，花样很多，常常两道或三道并排使用。大一些的案腿，随腿的用料比例加长，这种线条又随之加大，再用“灯草线”形容显然不妥，人们多把这种粗线条称为“皮条线”。

“灯草线”在柴木家具的线脚装饰中，也叫脚线、脚边线装饰。实际上就是根据腿脚材料来选用线条装饰的种类和数量。桌类柴木家具分为有束腰和无束腰两类。无束腰家具多用圆材，也有相当数量是方腿加线的，以光素为主，不再施加其他装饰。有束腰家具多用方料，在装饰方面比较容易发挥，因而做法也很多，如素混面，即表面略呈弧形。混面单边线，即在腿面一边雕出一道阳线。混面双边线，即在腿面两侧各起一道阳线，多装饰在案体的腿上、横梁或横带上。这些线条因在边上，也有称为压边线的，压边线不光在四腿边缘使用，在桌案的牙板边缘也常使用。

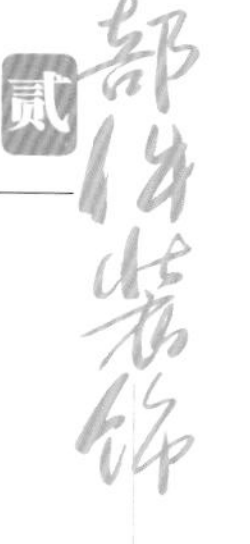

十、打洼

方材家具还有一种装饰形式，名曰“打洼”。做法是在桌腿、横撑或桌面侧沿等处的表面向里挖成弧形凹槽，一道的叫单打洼，二道的叫双打洼。打洼家具的边棱，一般都做成凹线，俗称“倒棱”，与打洼形成粗细对比。

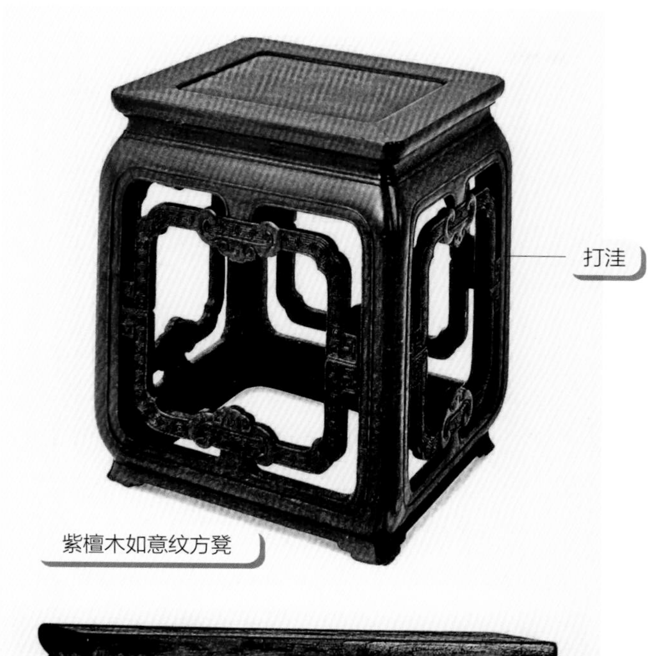

紫檀木如意纹方凳

榉木夹头榫小条凳

十一、裹腿与裹腿劈料做法

裹腿与裹腿劈料做法通常用在无束腰的椅凳、桌案等家具上，是仿效竹藤家具的艺术效果而采取的一种独特的装饰手法。劈料做法是把材料表面做出两个或四个以上的圆柱体，好像是用几根圆木拼在一起，称为劈料。二道称二劈料，三道称三劈料，四道称四劈料。横向构件如横掌，面沿部分也将表面雕出劈料形，在与腿的接合部位，采用腿外对头衔接的做法，把腿柱包裹在里面，为了拉大桌面与横掌的距离以加固四腿，大多在横掌之上装三块到四块镂空绦环板，中间装矮佬。如果是方桌，一般四面相同，长桌与方桌有所不同。因侧面较窄，只用一两块镶板就行。

仿竹裹腿装饰

十二、面沿

面沿是指桌面侧沿的做工形式。从众多的桌、凳、几等各类家具的面沿看，很少有垂直而下的，也和其他部位一样赋予各式各样的装饰线条。面沿的装饰效果，也直接影响着一件家具的整体效果。在柴木家具中，运用较多的面沿有冰盘沿、泥鳅背、劈料沿和打洼沿。

冰盘沿：在侧沿中间向下微向内收，使中间形成一道不太明显的棱线。

泥鳅背：一种如手指粗细的圆背，形如泥鳅的脊背，有时小型翘头案的翘头也用这种装饰。

劈料沿：是把侧沿做出两层或三层圆面，好似两条线三条圆棍拼在一起。

打洼沿：是把侧沿削出凹面。

拦水线

十三、拦水线

柴木家具常用的线脚之一，多作为饮膳之用的桌案。拦水线是在桌面上边缘处做出高于面心的一道边。古典家具的宴桌、贡桌上使用较多，现代柴木家具上很少使用。其作用是在饮膳时，避免汪积在桌面上的汤水及酒水向下流，如果没有拦水线的话，容易流下桌沿，弄脏衣物。拦水线不像冰盘沿那样出于纯装饰目的，主要为实用性。

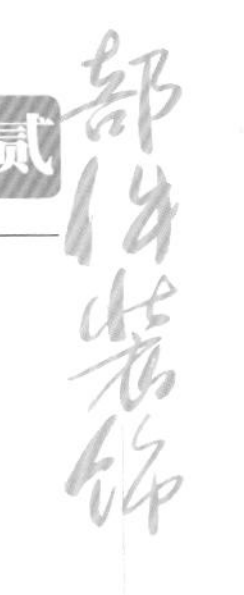

十四、束腰

束腰是在家具面下做出一道缩进面沿和牙板的线条。在柴木家具里，一般来说，只要有面沿就会有束腰这一装饰。面沿是由古代建筑里的须弥座演变而来。束腰有高束腰和低束腰两种。使用什么束腰，要根据柴木家具的款式来选择。高束腰大多露出桌腿上截，并在中间用矮佬分为数格，每格镶一块绦环板。另外，高束腰家具常在束腰上下各装一木条，名曰“托腮”，它是起承托绦环板和矮佬作用的。低束腰家具一般不露腿，而用束腰板条把桌腿包严。低束腰的花样很多，现代柴木家具有些还用另外一种颜色的木头作束腰，既美观又有层次感。束腰线条常见有直束腰、打洼束腰等，有的还在束腰上装饰各式花纹。

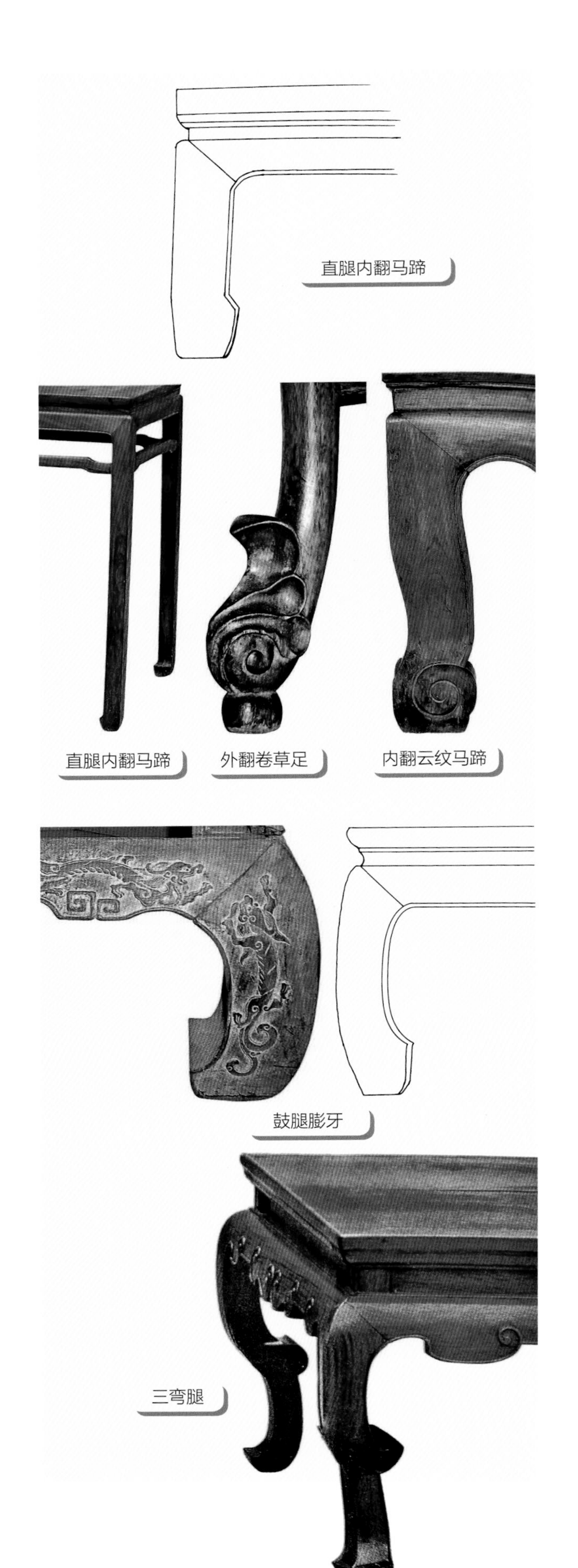
直腿内翻马蹄

直腿内翻马蹄　外翻卷草足　内翻云纹马蹄

鼓腿膨牙

三弯腿

十五、马蹄形装饰

明式家具的腿足装饰多种多样，其中以马蹄形装饰为最多。马蹄大都装饰在带束腰的家具上，这已成为传统家具的一个装饰规律。马蹄做法大体分为两种，即内翻马蹄和外翻马蹄。内翻马蹄有曲腿也有直腿，而外翻马蹄则都用弯腿，无论曲腿、直腿，一般都用一块整料做成。马蹄足有带托泥和不带托泥两种做法，其他各种曲足大多带托泥。托泥本身也是家具的一种足饰，其作用主要是管束四腿，加强稳定感。托泥之下常常还带龟脚，是一种极小的构件，因其尽端微向外撇，形似海龟脚而得名。现代柴木家具使用托泥较少，通常腿脚就直接落地了。

十六、腿的装饰

腿的装饰有直腿、三弯腿、鼓腿膨牙、蚂蚱腿或仙鹤腿等。三弯腿，是腿部自束腰下向外膨出后又向内收，将到尽头时，又顺势向外翻卷，形成“乙”字形。鼓腿膨牙，又被称作弧腿膨牙，是腿部自束腰下膨出后又向内收而不再向外翻卷，腿弯成弧形。蚂蚱腿，多用在外翻马蹄上，在腿的两侧做出锯齿形曲边，形似蚂蚱腿上的倒刺而得名。仙鹤腿，腿笔直，足端较大，形如鸭子足趾间的肉蹼。现代柴木家具的腿脚装饰，在继承传统手法的基础上，发展很大，种类很多，但是，基本的规律还是一样。从传统家具造型规律看，有束腰的家具四腿都用方材，而方材既已做出马蹄，那么这件家具的形态即已完备，再用方材伸展腿足，显然不妥，不如索性用圆材，形成上方下圆、上繁下简的强烈对比，工匠大师们有意将有束腰家具和无束腰家具加以融会贯通，在造型艺术上是一个成功的尝试。

第三章 柴木家具雕刻纹饰

古典家具的纹饰种类很多，现代家具的纹饰比古典家具的纹饰丰富多样，在常用的纹饰中除相当一部分继承了古典纹饰外，还有了较大创新、发展和变化。现代柴木家具的纹饰图样手工绘制的已经非常少，主要是电脑设计，然后用机器雕刻，最后人工修整。现代纹饰的雕刻与制作优于古典纹饰的方面：一是雕刻速度惊人；二是纹饰画面规范，雕刻画面较准确，整体画面美观；三是想要什么纹饰的画面都做得到。例如，想要现实生活中的一个场景画面，先用数码相机拍摄照片，再拿到电脑上绘层次处理样图，然后用机器雕刻，最后人工修理一下便完成了。就纹饰而言，从古至今用在柴木家具上的纹饰种类起码有几百种，各地的工匠的称呼也不相同，本章主要介绍目前柴木家具制作中常见、常用的几种纹饰。

透雕莲花螭龙纹榉木雕件

云龙纹图

螭龙图样（俗称小龙） 夔龙图样（俗称小龙）

一、龙纹

龙为中华民族的象征。龙纹从原始社会至今始终沿用不衰，不仅在建筑上，衣饰、日用品及家具中都广泛使用，并且在现代仿古柴木家具上龙纹的使用也相当多。龙纹的使用在帝王时期有着非常严格的禁忌。凡以龙纹作为装饰的器具，多为皇帝和后妃们所专用。皇族中的亲王们被特许使用龙纹，但不得称其为龙。如有私制和私用者，必按僭越犯上治罪，平民百姓则更难见到龙纹了。因此，龙纹装饰在皇宫中是极常见的，而民间则非常少。辛亥革命推翻了帝制，龙纹再也不是皇家的专利，龙纹被广泛地用于各种器物上。但从家具装饰纹样的时间上我们可以下这样的推论：现存民间的绝大多数古典龙纹柴木家具、古典龙纹硬木家具和古典龙纹红木家具，基本都是民国以后才制作的。

古典家具中，龙纹常见的还有夔龙纹和螭龙纹。主要用在边沿和牙板上，通常刻成镂空雕。工匠大师也把这两种龙称为“小龙”。现代家具中，因使用机器雕刻，不仅雕刻速度快，而且可以雕很多复杂的龙纹图案。龙纹已从旧时帝王之家进入寻常百姓家。

凤穿牡丹纹木雕

团凤凰图

二、凤纹

凤凰是中国传说中的神鸟，在古代皇宫内为后妃的象征，以凤纹作为装饰的器物多为后妃们专用。历代都以凤为瑞鸟，飞时百鸟相随，见则天下安宁。其形象为鸿前麟后，蛇颈鱼尾，鹳额鸳腮，龙纹龟背，燕颌鸡喙，五色俱备。传说凤鸟雄为凤，雌为凰，雌雄同飞，相和而鸣，且凤凰非梧桐不栖，非竹实不食，非礼泉不饮，有圣王出，则凤凰现。自古与凤相关的词句“百鸟朝凤、鸾凤和鸣”等都大多带有祥瑞的寓意，故家具装饰纹样中也较为常用。

双凤朝阳纹木雕

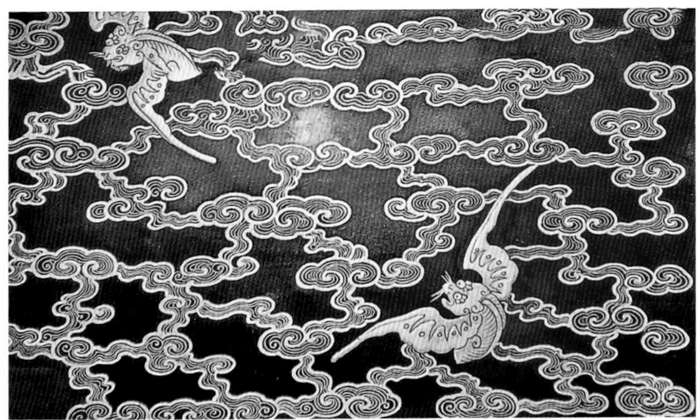

木雕云蝠纹

三、云纹

云纹象征高升和吉祥如意，在各种器物的装饰上应用较广，但多为陪衬图案。形式有四合云、如意云、朵云和流云等，常和龙纹、蝙蝠、八仙或八宝纹结合在一起。云纹在各个时代中的运用不同：明代多用卧云、流云和四合如意云纹。清代多用朵云、流云和灵芝云纹。在清代家具的雕刻中常用云纹有三种形式：一种是起地浮雕，以一朵如意云纹做头，从正中向下一左一右相互交错，通常五朵或六朵相连，最后在下部留出云尾；另一种是有规律地斜向排列几行如意云纹，然后用云条连接起来，云头雕刻时从正中向四方逐渐加深，连接的云条要低于云朵，使图案现出明显的立体感来，这种纹饰大多为满布式浮雕；还有一种无规律的满布式浮雕也属于这一时期的常见做法，而在雍正以前乃至明代，绝大多数为起地浮雕，很少见到满布式浮雕的图案。现代柴木家具多用卧云和流云纹，也用朵云纹，但是，用法是两侧云尾平行，上下为条状云纹，朵云斜向连接，构成大面积云纹图案，主要用来陪衬其他图案。

云龙纹

四合云纹

卧云纹

四、花卉纹

家具的花卉纹常常用在较大的插屏、挂屏及座屏上，在柴木家具上则多用于边缘装饰。现代柴木家具的花卉纹运用较多较普遍。常见的花卉纹有牡丹、荷花、松、竹、梅、兰、菊、西番莲、灵芝纹和缠枝纹饰等。

牡丹纹 百花之王，中国国花之一。有折枝牡丹和缠枝牡丹两类。折枝牡丹常被雕绘在柜门或背板上；缠枝牡丹则常用于装饰边框。牡丹花是富贵吉祥的象征，现代柴木家具上使用相当多。

牡丹纹木雕

荷花纹 荷花又名莲花，是中国传统花卉。象征“纯洁”，寓意“吉祥”，佛教常以莲花为标志，代表“净土”，荷花纹装饰常常被用在屏风类家具上。日常使用的家具因花卉纹雕工复杂，较少使用，一般会雕在沙发的背板及扶手上。

荷花纹木雕

松纹 青松四季常青，在中国传统文化中是高尚人格的象征，也有长寿的寓意。松与梅、竹合称“岁寒三友”，在装饰花纹中常组合使用。

松纹透雕

雕松纹的笔筒

雕竹纹的木雕件

竹纹 “岁寒三友”之一。竹四季常青，充满生机和活力，生命力顽强。在中国寓意文人正直、虚心的高尚气节，还可寓意子孙众多。故在器物的装饰上常常使用。

梅花纹 梅不仅是“岁寒三友”之一，还与兰、竹、菊合称“花中四君子”。是自强不息、高洁、孤傲的象征。由于梅花常有在老干上发新枝的特点，古人也常用以象征不老不衰。梅瓣为五，民间又藉其表示五福，即“福、禄、寿、喜、财”。

雕梅花纹的木雕件

兰花纹 兰花常与与梅、竹、菊并称“四君子”，寓意美好、高洁、贤德和坚贞不渝。在现代柴木家具装饰中，常见的是用在四片套挂屏风上，雕刻在书桌门、柜门上的也有，但不多。挂屏风一般雕刻为梅兰竹菊，也称“四季花”屏风。在雕刻四种花时，如果是雕刻成插在花瓶上的，也称为“四季平安”。

雕兰花纹的木雕件

雕菊花纹的木雕件

菊花纹 中国十大名花之一。菊花五彩斑斓，有上千个品种。在现代柴木家具装饰中，常见的用法是同兰花一样，大多用在四片套挂屏风上，或柜门、桌门上起装饰美观的作用。

西番莲纹 西番莲纹自明代由西方传入我国，尤其到清雍正、乾隆及嘉庆时期，开始模仿西式建筑及室内装饰的风气，工匠开始用一些西洋花纹饰来装饰家具，所以，在清代家具中，除传统纹饰外，用西洋纹饰装饰的家具亦占有一定的比重。这种西洋纹饰，中国统称为“西番莲”，工匠也称之为“洋花”，也有的工匠称“西洋莲”或“西洋菊”。

西番莲纹造型雅致，有富贵吉祥的寓意。也因西番莲纹华丽、对称，极适合做边缘装饰，在古典家具、陶瓷、玉雕、服饰等工艺中广泛应用，是中国古代艺术“洋为中用”的典范。直到现在，柴木家具上的牙板、边缘装饰大多数还是用缠枝“西番莲”纹饰来装饰。

雕西番莲纹的六角桌

灵芝纹 灵芝在古代被视为仙草，人们把见到灵芝视为长寿、祥瑞的征兆，传说服之能起死回生，有不死药之称。在古典柴木家具的装饰中，上等的树种制作的柴木家具有不少是用灵芝纹装饰。

雕灵芝纹的木雕件

缠枝纹 缠枝纹又名“万寿藤”，起源于汉代，盛行于元代以后，是一种以藤蔓、卷草为基础提炼而成的汉族传统吉祥纹饰，寓意吉庆，因其结构连绵不断、优美生动，故又有“生生不息”之意。缠枝纹以牡丹组成的称“缠枝牡丹”；以西番莲组成的称“缠枝莲”；以葡萄组成的称为“缠枝葡萄”。明朝的家具多用“缠枝牡丹”和“缠枝葡萄”纹饰。清朝后的家具牙板、边缘装饰大多数用缠枝“西番莲”纹饰。

雕缠枝西番莲纹的木雕件

碧波春色图

五、山水风景纹

现代柴木家具也常见山水风景纹。主要是电脑设计图样较美观，画面大，再用机器雕刻速度快、刀刻准，且可以雕刻画面丰富，工艺复杂的作品，故在现代家具中山水风景纹被广泛使用。常常是用在屏风、柜身、柜门、床头、床尾、沙发扶手、沙发靠背上。现代柴木家具的山水风景纹相当多，通常会将建筑、人物糅进山水风景画面之中，呈现出有山、有景、有屋、有人，富有诗情画意美感的画面。

雕山水风景纹的木雕件

雕山水风景纹的木雕件

春山观瀑图

六、几何纹

锦纹、回纹和万字纹等又统称几何纹。以圆形、弧形和方折形线条为主，对称性强，既可雕刻单组纹饰，又能一组一组连接起来，逐渐连绵为整体纹饰，造型朴拙，结构严谨，是世界迄今发现最早的艺术纹饰之一，也是柴木家具上最常见的纹饰。

锦纹 锦纹是汉族传统图案之一，泛指极富规律性的连续图案。通常以多组相同的单元图案连接，或以一组图案为中心，向上下、左右有规律地延伸，其构图繁密规整，华丽精致。现代柴木家具中锦纹多用于主体图案的底纹或陪衬。

雕万字锦纹的木雕件

回纹 顾名思义即像“回”字形纹饰，它是由古代陶器和青铜器上的雷纹衍化来的几何纹，形态多由横竖短线折绕组成的方形或圆形回环状花纹，在民间有富贵不断头的寓意。清代家具四脚常用回纹装饰，也有用连续回纹作边缘装饰，称为“回回锦”。现代柴木家具中回纹的运用较多，是线条装饰手法中最常用的纹饰之一。

回纹石角线图

万字纹 中国古代传统纹样之一。即“卍”字形纹饰，在梵文中意为“吉祥之所集”，佛教认为它是释迦牟尼胸部所现的瑞相，有吉祥、万福和万寿之意。无论是明清柴木家具还是现代柴木家具，万字纹运用很多，可以说是不可或缺的重要的线条纹饰。用“卍”字四端向外延伸，又可演化成各种锦纹，这种连锁花纹常用来寓意绵长不断和万福万寿不断源头之意，也叫“万寿锦”。“万寿锦”在现代柴木家具中多用于主体图案的底纹或陪衬。

雕万字纹的木雕件

博古纹 博古纹起源于北宋大观（1107~1110年）时期。宋徽宗命王黼等编绘宣和殿所藏古器，名曰《宣和博古图》，共30卷。后人取该图中的纹样作家具装饰，遂名“博古纹”。现代柴木家具使用博古纹时，常常在器物端口上添加各种花卉，作为点缀。博古纹在顶箱柜、橱柜门、书柜门上使用较多，有清雅高洁的寓意。

雕博古纹的木雕件

七、神话故事纹

古典家具中常用源自神话传说的纹饰来装饰，多是有吉祥寓意的图案，如：海屋添筹、五岳真形图、河马负图、八仙过海及八宝等。

海屋添筹 海屋添筹是古代向老人祝寿的纹样。故事见于宋代苏轼《东城志·林》，传说三个老人相遇，互询年岁，第一位老人说：我的年岁已经记不清了，但我小时候与盘古是朋友；第二位老人说：每当我看到人间的沧海变为桑田，就在瓶子里添一个筹码，现在堆放筹码的屋子已经有十间了；第三位老人说：蟠桃几千年才成熟一次，我吃蟠桃时将桃核扔掉，堆成的桃核已与昆仑山一般高了。故海屋添筹的画面中绘有波涛汹涌的大海，海中有仙山楼阁，楼阁中陈设宝瓶，内插筹码，空中有飞翔的仙鹤，鹤口中衔筹，欲往瓶内添筹。海屋添筹纹在现代柴木家具中雕刻较少，主要用在屏风、大沙发的靠背上。

雕海屋添筹纹的红酸枝木宝座

五岳真形图 即用五个符号分别代表五座大山。道教符篆据传为太上老君所传，有免灾致福之效。在现代柴木家具中雕刻五岳真形图较少，雕刻此图的目的是为了驱魔辟邪，以求得居家安乐，永葆祯祥。

五岳真形石碑纹

河马负图 浮雕雕刻河马，马背上有河图的纹饰，相传龙马两次在洛水中出现，背上呈现的图形分别是河图和洛书。故河马负图历来是中国传统的吉祥纹样。在家具中应用时一般使用“海马献图”。在现代柴木家具中雕刻河马负图的极少，很不容易见到。河马负图历代都被视为祥瑞的象征。

八宝纹 八宝又名八吉祥，是传统的吉祥纹饰。由法螺、法轮、宝伞、白盖、莲花、宝瓶、金鱼及盘肠组成。八种宝物又被人们奉为八种吉祥物，用作装饰称为“八宝生辉”。家具雕刻时常用于柜门、面板等装饰。

雕八宝纹的木雕件

八宝纹样

八仙纹 即人们熟知的道教八位仙人的总称。装饰图案常隐去人物，只雕出八仙每人手中之物，俗称“暗八仙”。暗八仙图案分别为汉钟离的宝扇、吕洞宾的宝剑、张果老的鱼鼓、曹国舅的玉板、铁拐李的葫芦、韩湘子的紫箫、蓝采和的花篮及何仙姑的荷花。八仙的故事流传极广，纹饰也为人们喜闻乐见，常用以装饰家具、瓷器及建筑窗棂等，寓长寿之意。现代柴木家具上使用较少。

木雕八仙

八仙纹样

八、吉祥图案纹

玉石行业有句话叫“玉必有工、工必有意、意必吉祥”，家具行业也如此。家具装饰中吉祥图案很普遍，不仅寓意吉祥，而且有很好的装饰性及艺术性。家具装饰中常爱用吉祥图案来装饰，吉祥图案是一种以动物、植物、飞禽、鱼类、器物、人、神、仙、佛的神话和传说等作为素材，通过图文或谐音等形式寓意祥瑞的装饰图案。如蝙蝠纹，就是一种传统寓意纹样。在中国传统的装饰艺术中，蝙蝠的形象被当作幸福的象征。传统习俗常以“蝠”谐音比喻为“福”，并把蝙蝠的飞临寓意为“进福”，希望幸福会像蝙蝠那样自天而降。五福捧寿，通常所言的五福分别为：一曰寿，二曰富，三曰康宁，四曰修好德，五曰考终命，其纹饰常为五只蝙蝠围着一个团“寿”字，寓意“五福捧寿”。宝瓶内插如意，名曰“平安如意”；佛手、寿桃、石榴组合，名曰“多福、多寿、多子”；满架葡萄或满架葫芦寓意为“子孙万代”；喜鹊和梅花组合，寓意“喜上眉梢”；把灵芝、水仙、竹笋及寿桃组合，名曰“灵仙祝寿”……

雕吉祥图案纹的木制品

第四章

柴木家具雕刻技艺

柴木家具中常见的八种雕刻技艺。

一、平雕

平雕是在平面上通过线刻或阴刻的方法表现图案的雕刻手法，雕花及整个平面保持平衡，常见的有线雕、阴刻。

平雕图

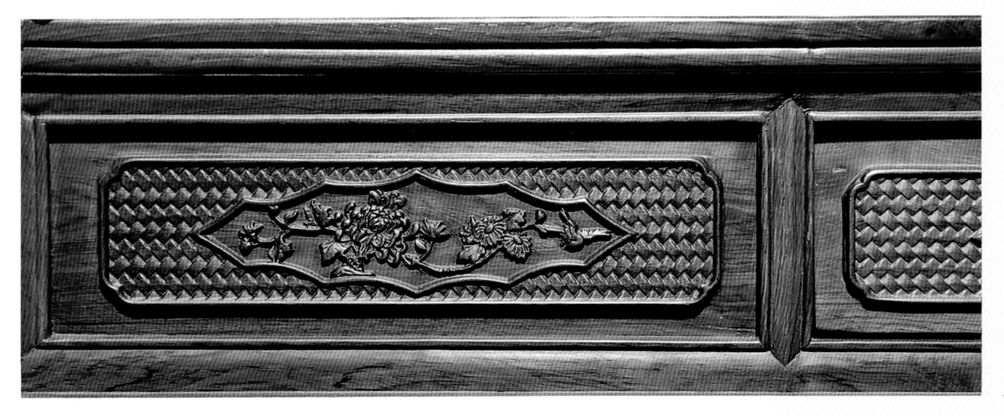

平雕图

平雕图

深浮雕图

二、浮雕

浮雕也称落地雕或凸雕。是将图案以外的空余部分剔凿掉，从而使图案凸显出来的雕刻方法。

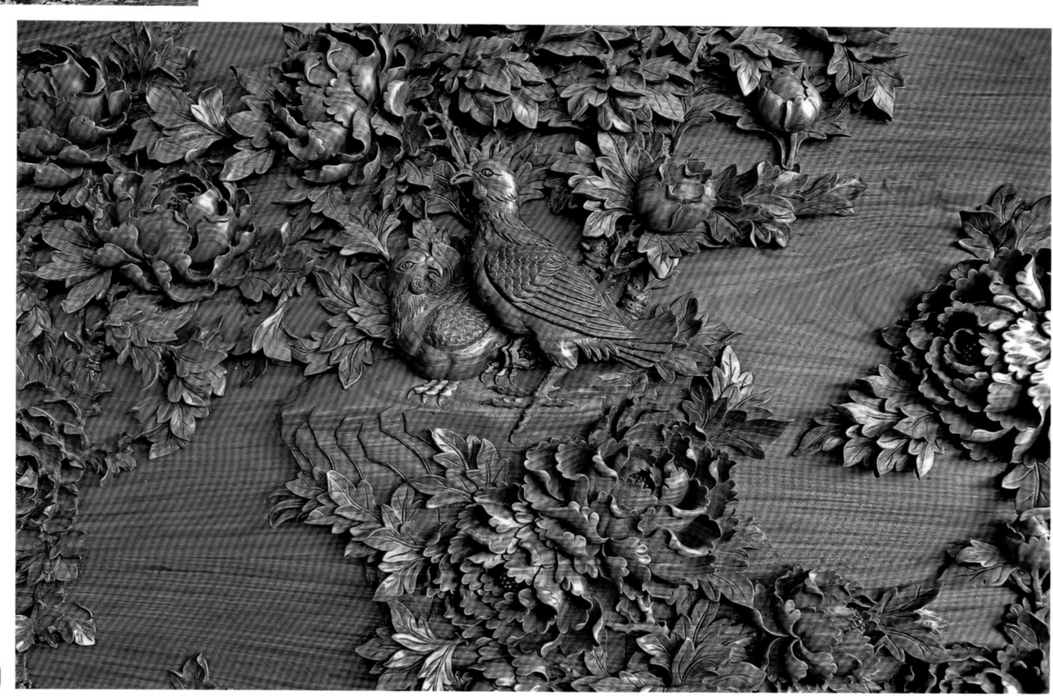

浅浮雕图

三、透雕

此种雕刻法使雕花有玲珑剔透之感，常用于表现雕饰物件两面的整体形象。透雕也称镂空雕和双面雕。

透雕图

四、贴雕

贴雕是浮雕的改革雕法，常用另外一种起色木材贴上后再雕，常用于裙板、绦环板的雕刻。

乌木背靠板贴黄杨木的贴雕图

硬木镶嵌贝壳的嵌雕图

硬木镶嵌贝壳的嵌雕图

五、嵌雕

另外雕刻并嵌在板面上的雕刻法。常见的有古典家具上镶嵌玉石、象牙、贝壳、螺钿等各种各样的纹饰。

硬木镶嵌贝壳的嵌雕图

六、圆雕

就是立体雕刻的手法。

圆雕图

七、毛雕

毛雕也称凹雕。雕刻手法为向平面以下进行凹型的雕刻。

毛雕图

综合雕图

八、综合雕

几种雕刻手法同时在一个物件一个面上使用。

综合雕图

第五章

柴木家具知识

云南柏木工艺品，原材目前市场参考价 100 元 /kg

一、不同树种的柴木家具价格悬殊

柴木家具价格主要由树种、材质、款式、制作工艺、雕刻工艺和油漆工艺决定。根据树种、材质的优劣和市场上十六种柴木原材的交易价格，柴木家具价格从高到低的排列为：红豆杉、香榧木、柚木、楸木、柏木、榉木、榆木、枫木、楠木、椿木、核桃木、香樟、柞木、橄榄仁、桦木、橡胶木。古典柴木家具中使用最多的木材有：楸木、榉木、榆木、核桃木、柏木、楠木和柚木。在本书收录的十六种柴木家具中，上等的红豆杉、香榧木这两种木材制作的家具，价格超过普通红酸枝木制作的家具。有特别立体瘤影纹、波浪纹和虎皮纹的上等楠木制作的家具价格也超过普通红酸枝木制作的家具（普通楠木制作的家具价格在十六种柴木家具中就排名偏后了）。上等的柚木制作的家具，价格也超过普通花梨木制作的家具。上等的楸木和柏木制作的家具，价格同花梨木制作的家具相当。在购买柴木家具时首先要弄清楚用材价格；其次是评估材质、款式、制作工艺、雕刻工艺和油漆工艺这些方面。

二、柴木定义

所谓的柴木即俗称的白木、杂木或软木。柴木并非所有白木、杂木和软木的总称。但是，柴木一定属于俗称的白木、杂木或软木。柴木是白木、杂木或软木中的一部分木材种类。很多消费者误认为：1.柴木就是价值如同柴火木一样便宜，木质如同柴火木一样差的木材。2.柴木家具是没有收藏价值的家具。这样解读是不准确的，笔者认为，木材总体上分为硬木和软木两类。硬木中又分为红木和白木。国家《红木》标准界定的三十三种红木就属于红木，其他硬木都属于白木。白木也称为杂木。近些年硬木主要靠进口，软木主要为国产。本书中收录了制作家具常用的十六种软木。它们能从成百上千的软木木材种类中被选择收入本书，是因为符合以下几个标准：一是收缩、变形较小，防腐、防虫性能相对较好，材质等级中、上；二是主要为国产；三是古典家具常用；四是木色特别、木纹漂亮；五是价格中、上等；六是目前生产量较大；七是目前木材储蓄量多。

三、柴木家具的起源和价值

明清时期宫廷和达官贵人使用的主要为红木或硬木家具；一般富人、地方官僚使用的大多是楸木、榉木、榆木、核桃木、柏木、楠木和柚木等这些柴木中材质较好的家具。柴木家具是社会经济发展和人民物质生活水平的一个缩影，它的历史同人类社会，一样是在不断发展、衍变的。中国是具有五千年历史的泱泱大国，中华民族是世界上最伟大最聪明的民族之一，在包括家具制造的多个领域为世界做出了巨大贡献。中国柴木家具可以说是“雏于商周，丰满于两宋，辉煌于明清”，但无论从数量或其他诸多方面讲，真正的巅峰还是在当代。商周时期的家具大多数是为席地而坐设计制作的，如席、几、案、踏等，这一时期的家具因制作工具较为落后，故而比较粗糙。两宋时期为垂足而坐设计的家具开始定型，比如椅、桌、案、床、踏、衣架、盆架、屏风、琴桌、棋桌一应俱全。从制造工艺和结构上讲，这一时期的家具比商周时期的家具进步了很多。

明清时期的家具是我国家具史上的第一个巅峰期，其余晖直到今天还在。目前的仿古柴木家具，基本上就是仿明清款式的家具。就现代款式的柴木家具而言也有很多仿明清家具的影子。

有些柴木家具有很高的收藏、保值、观赏、装饰、艺术和使用价值。有些柴木家具的木质、价格高过中低档的红木家具。例如，上等的红豆杉、香榧木这两种木材制作的家具，价格超过普通红酸枝木制作的家具。有特别印瘤影纹、波浪纹和虎皮纹的上等楠木制作的家具价格也超过普通红酸枝木制作的家具。上等的柚木制作的家具，价格也超过普通花梨木制作的家具。上等的楸木和柏木制作的家具，价格同花梨木制作的家具相当。

四、红木家具与柴木家具价格差异

红木家具价格从高到低的排序为：香枝木、紫檀木、黑酸枝木、红酸枝木、条纹乌木、乌木、花梨木、鸡翅木，按类分、按树种分时又有不同，如红酸枝木中的交趾黄檀的价格远远超过除卢氏黑黄檀以外的七种黑酸枝木。红酸枝木中的奥氏黄檀业内俗称白酸枝木，价格同上等花梨木差不多。鸡翅木中的缅甸百花崖豆木的价格同普通红酸枝木差不多，高过花梨木。所以说，完全用木材所属大类来比较价格不准确。柴木家具价格从高到低的排列为：红豆杉、香榧木、柚木、楸木、柏木、榉木、榆木、枫木、楠木、椿木、核桃木、香樟、柞木、褐榄仁、桦木、橡胶木。柴木家具价格与红木家具价格比较，差距最大的依次是：橡胶木家具、桦木家具、柞木家具、香樟家具、褐榄仁家具、核桃木家具、椿木家具、楠木家具（普通楠木）、枫木家具、榆木家具。接近或等同红木家具价格的有榉木家具（红榉木）、柏木家具、楸木家具和柚木家具。超过中等红木家具价格的有红豆杉家具、香榧木家具、上等柚木家具、上等楠木家具。其中红豆杉家具和香榧木家具的价格超过普通红酸枝木家具。

五、柴木家具的种类

柴木从其源自的树种看有成百上千种，但能制作家具的基本只有本书收录的十六种软木。

目前江苏蠡口、浙江东阳、广东中山市场上从非洲进口的许许多多欺骗性叫卖为“红木家具”的，95%以上都是硬木制作的柴木家具，包括欺骗性叫卖为“刺猬紫檀”的花梨木家具，其实也是硬杂木家具，其来源树种名为红皮铁树，市场俗称“猪屎木家具”，这种木材有极强烈的猪屎味，与有浓香味的花梨木没有关系。这些家具的价格实际上同中下等柴木家具价格一样。目前这些家具很多，本书未予收录，主要是基于以下理由：都是硬木，都是进口木材，古典家具未用过，种类很多很杂，叫法也不统一。

六、明清家具中用过的柴木种类

明清家具中用于柴木家具的木材很多，大部分能保藏，现存还能使用的大多是：楸木、榉木、榆木、核桃木、柏木、楠木和柚木等木材制作的。柚木出现在清末民初，基本为欧式家具，民国中期后的柚木、楸木、榉木、榆木、核桃木、柏木和楠木这几种木材制作的家具存世量很多，大多数还完好无损。

七、精美的明清柴木家具

明代家具主要是在宋元家具的基础上发展成熟的，主要采用楸木、柏木、榉木、榆木、枫木、楠木、椿木、核桃木等色泽鲜艳、柔和，纹理清晰，木质富有弹性的柴木来制作。明式柴木家具主要为晋作家具，大多数为镶贝和漆雕的柴木家具。制作工艺精细合理，全部以精密巧妙的榫卯接合部件，大面平板则以攒边法嵌入边框槽内，坚实牢固。高低宽窄的比例以适用美观为出发点。装饰以素面为主，局部饰以小面积漆雕或透雕，精美而不繁缛。通体轮廓及装饰部件的轮廓讲求方中有圆，圆中有方。明式家具线条雄劲而流畅，家具整体的长宽高、整体与局部、局部与局部的比例都非常得当。

清柴木家具趋向笨重，追求富丽、华贵、繁琐的雕饰。根据学者研究，清式家具装饰方法有木雕和镶嵌，装饰图案多为象征吉祥如意，如多子多福、延年益寿、官运亨通之类的花卉、人物或鸟兽纹饰等。特别是腿的造型变化最多，除方直腿、圆柱腿或方圆腿外，又有三弯如意腿、竹节腿等。

八、怎样收藏柴木家具

收藏柴木家具，看它能否保值，主要考虑三个方面：一是形态美。家具的造型，无论繁复、简洁都要越看越耐看。二是树种好材质优。这里面有两层含义，一层为树种，另一层为木材材质。就柴木树种而言，综合市场上柴木的价格、树种密度硬度、防虫、防腐性能、耐湿性、稀有性、直纹抗弯强度和抗压强度来看，有收藏价值的木材价值由高到低依次为红豆杉、香榧木、柚木、楸木、榉木、榆木、金丝楠、核桃木、榀榄仁。就木材材质而言，在有收藏价值的柴木木材中，首先，要尽量是大材整木制作的家具，如沙发面板尽量为一块板，大茶几或宽面板二到三拼。其次，要“四无”，即无腐料、无裂、无虫眼、无毛边。再次，选料上乘，要做到木色基本一样。三是做工考究，典雅大方，清秀隽逸，审美意向好。当然要想得到一套雕工好、品相完整的古典柴木家具，是难能可贵的。即便如此，若能拥有一两件上等的柴木家具，也足以点缀居室，蓬荜生辉了。

在收藏柴木家具时，还必须从工艺着手，雕工既要细腻，线条还要流畅；既要看品相是否完整美观，还要看做工是否精细完美。必须从树种看到材质，既要看树种好不好，还要看材质硬不硬。如贡桌用具的制作一般比较精细，材质也较好，其价值甚至要比其他家具还要高。

云南柏木装饰雕刻板，目前市场参考价每平方米 1900~2600 元

九、购买楠木要分得清精品和普通品

目前市场青睐的楠木，黑色的有黑心楠，黄色的有金丝楠，白色的有桢楠。当人们还在热捧“黄花梨”和紫檀木时，近两年因为媒体针对楠木的报道有些不客观，一些人跟着炒作，一时间买楠木家具、茶具、根雕成为热点，炒得沸沸扬扬。家具市场又开始了另一个楠木神话，其价格步步升高。购买黑心楠、金丝楠或桢楠，要分辨上等精品和中下等普通品的价值和区别。

上等精品——无论黑心楠、金丝楠或桢楠，上等精品，可谓价值连城，非常珍贵。上等精品首先必须有水波纹、虎皮纹、豹皮纹、山水纹、立体瘤影纹。所谓立体瘤影纹就是瘤结纹路，就像镶嵌掩埋在厚玻璃中间一样。这种上等精品楠木在收藏界一直是香饽饽。其次，精品楠木木质好，无缺陷，板面要宽大，要完整。

中下等普通品——无论黑心楠、金丝楠或桢楠，首先，没有水波纹、虎皮纹、豹皮纹、山水纹、立体瘤影纹。其次，楠木木质不好，有缺陷，板面窄小，又不完整。这种楠木就是中下等普通品。这种楠木没有什么收藏价值。价格非常便宜，每立方米4000~4500元。

楠木木质、木色、硬度中等，直纹抗弯、抗压强度中等，防腐、防虫性能中等，只要没有水波纹、虎皮纹、豹皮纹、山水纹、立体瘤影纹，就是普通木材，不要错误地去追捧，否则容易吃亏。

十、柴木家具社会认知度的落差

现在三十三种红木制作的家具已被全社会普遍认知、认可和追捧，中国家具在国际市场上的最高价格纪录全部都是由黄花梨和紫檀木创下的，一件家具不乏千万、过亿的成交纪录。但是，上世纪90年代的时候红木与柴木的价格差距并不像今天的差距如此之大。那个年代买黄花梨、紫檀木就是两三万块钱，十多万的算是很贵的了。一件中等的黄花梨家具，那个时候也就是十几二十万块钱，现在都是一两千万。随着原材料的涨价，收藏者逐渐把眼光从红木转移到柴木，现代一件柴木家具好的也得几千块，贵的达几万块。而且随着柴木储蓄量的陆续减少，多彩、多样的柴木家具升值空间会越来越大。柴木家具造型丰富，而且价格合适。所以买柴木家具对于一般家庭来说是聪明的选择。

古典柴木家具数量很大，但是好东西很少。柴木家具收藏着重的是多样性；另外就是年代，年代越久远的价值就越高；再一个就是看它沧桑的历史感。可以说古典柴木家具可选择的东西多，个性化更强一些。红木家具稍显程式化，除材质以外造型较为经典。所以，收藏红木家具看重的是经典，造型和年代的经典。

十一、榆木家具保养方法

好家具还需好保养。保养榆木家具首先要注意温度。榆木家具密度较低，干缩湿胀的幅度比较大，建议室内温度尽量保持在20~30℃，湿度保持在40%~50%，不要放在过潮或非常干燥的地方，避免被阳光长期照射，远离诸如去污剂、墨水等具有腐蚀性和染色性的物质。

其次是防虫。榆木家具木味较甜，很受蛀虫欢迎，建议经常用软布顺着纹理擦拭，并适量地放一些防虫剂。通常情况下，新榆木家具在制作前，要浸泡一段时间进行脱糖处理后再加工制作。并且一个季度要对榆木家具进行一次打蜡保养，避免被湿气入侵，也可保护家具表面。

此外，对榆木家具要轻拿轻放，如果要搬动的话可以将其拆下再装，不能拆的就考虑用软东西垫住底部再移动。还要避免在家具上放过于沉重的物品，长期摆放重物的家具会变形。

十二、古典榉木家具

谈到明清文人家具，无论学术界还是收藏界,一般都会把眼光投向“黄花梨”。而本文要讨论的则是明清时期名气不在“黄花梨”家具之下的榉木家具，与理论界、收藏界同好们共同雅赏、探究明清文人家具之美、雅、趣。

明清家具近年来之所以受到藏家和文人追捧，其原因绝不仅限于材质，更多还在于其雅韵与品格。众所周知，明清家具从材质上分，最重要的有两种：一为“黄花梨”家具，这种天然硬木的材质、纹理及在一定环境条件下散发出的降香，令人趋之若鹜，可谓家具中的“官窑”，当然存世也不是很多；二就是本文将重点探讨的家具中的“民窑”，即以所谓“苏州东山工”为代表的明清榉木家具。

姑苏繁华地，旧时榉木家具所展现出的个性与风华，令其“好之者”“追捧者”绝不在少数，这使榉木家具拥有相当的市场基础，而这个市场的存在决定了榉木家具未来仍具有较大的收藏潜力和升值空间。

据考证，早在宋元时期，榉木便被用来制作家具。在“黄花梨”基本告罄后，榉木家具仍延续了下来，其存世量远较“黄花梨”多，其中诸多品类艺术价值绝不在“黄花梨”之下。在苏州东山、无锡荡口等地搜集到的明式家具中，无论是榉木家具还是“黄花梨”家具，都不乏品相、做工极精的好货。

明清时期，江南经济发达，尤其手工业发展相当成熟，都市生活空前繁荣，从园林营造，到百姓居所植树都极有讲究。江南一带盛行“前榉后朴”，一般人家亦以此为植材旺家之训，意为家庭发达，有人中举。“榉”与“举”谐音，且榉树树质仅次于红木，是栋梁之材。在庭院前种榉树，就包含了家中要出栋梁之材之意。朴树材质较榉树为次，但生命力顽强，树姿婆娑，选朴树栽于庭院之后，寓意要勤俭朴素，治家有方，也能过上安康生活。这两种树在榉木家具盛行的苏州成为当地风情之物。当地家庭每分家立业之时，皆于庭院前后分别植下榉树和朴树，待儿女婚嫁时伐榉取木，打造家具，女子打制箱匣等小件，男丁则打制床架、几案等大件。

榉木在南方又称为南榆，属于非硬木类，但是木质坚硬、纹理华丽，江浙沪一带普通百姓多用其打造家具，而文人雅士的参与更为榉木家具注入了灵性，令其具备了不俗的审美情趣和传世价值。

长江以南地区，榉木是民间家具最主要的用材，明清时期江南已有“无榉不成具”的说法。榉木材质坚致耐久，纹理美丽而有光泽，有一种带赤色的老龄榉木被称为“血榉”，很像黄花梨木，是榉木中的佳品，尤其以木纹似山峦起伏的“宝塔纹”更显文气，可以说江南人的居住生活、园林建设、都市文化、情思寄托都与榉木紧紧联系在一起。

十三、柴木家具中常常有混搭木材

笔者走访了一些家居卖场后发现，不少品牌实木家具的工作人员在推销时都号称自家的实木家具是纯实木。但一旦追究不同部位是何种材质时，工作人员就会表现得尴尬起来。混搭杂木是市场潜规则，混搭木材就是整套家具表里通体不是一种木材。一实木家具品牌负责人透露说，真材实料的“满料”实木家具，品质、价格定位普通老百姓一般都不能接受。所以，在近年来实木家具越来越受市场欢迎的情况下，实木家具厂一般会选择一个折中的办法吸引中低端消费群体。那就是家具的主材料采用品质较好的实木，辅料则用杉木等一类价格较为便宜的杂木。例如，现在市场上销售的楸木家具，大部分家具的主体框架、肉眼能见到的表面采用楸木制作，其他部位和辅料部位则采用便宜的杂木板材。所以消费者在购买楸木家具时一定要问清楚销售人员是纯楸木家具还是杂木结合的楸木家具，并要求其在购买合同中注明。另外，消费者在购买楸木家具时切忌贪图小便宜，最好能到那些信誉度较高的楸木家具品牌店购买。

在《木家具通用技术条件》国家标准中，纯实木家具是指所有的零部件都采用实木制作的家具。木业协会专家表示，柏木家具采用柏木+杉木，榉木家具采用榉木+杉木等，从材料上来讲的确是“纯实木家具”，只是商家在其中偷换了概念，这种“纯实木家具”是有问题的。好的木材越来越少，木材涨价之后，一些商家为了用低价吸引消费者，不惜以次充好，消费者在购买纯实木家具时要多长个心眼。实木家具是指由天然木材制成的家具，家具表面一般都能看到木头的纹理。目前市场上的实木家具大致有两种：一种是纯实木家具，这种家具的所有用材都是实木；另一种是仿实木家具，也就是从外观上看木材的自然纹理，手感及色泽都和实木家具一样，但实际上是实木和人造板混合制作的家具。

据业内人士介绍，一款家具使用多种木材的情况十分普遍。以一款普通衣柜为例，面板和背

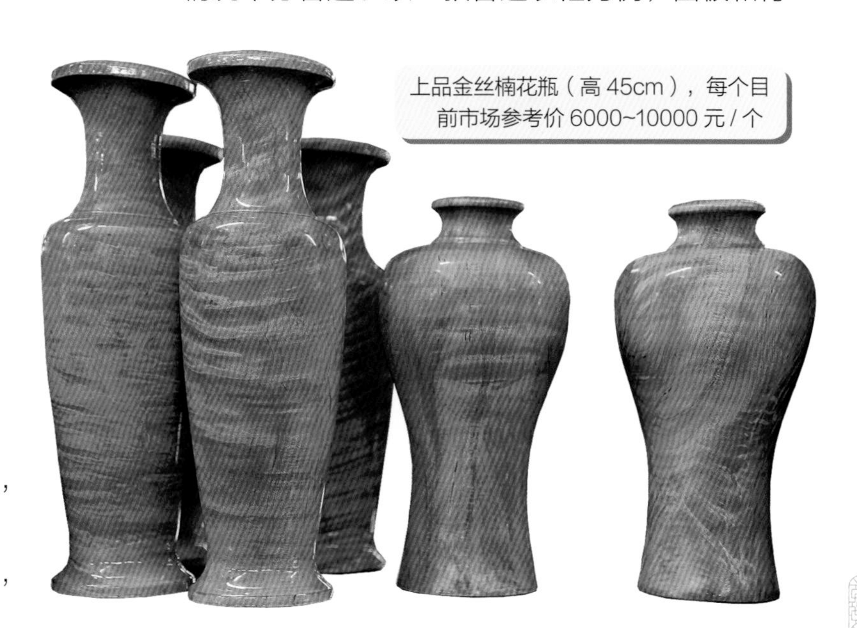

上品金丝楠花瓶（高 45cm），每个目前市场参考价 6000~10000 元 / 个

香榧木花瓶一对（高 80cm），目前市场参考价 6500~7500 元

板的用材就不相同，侧板和底板往往也不会使用同一种材料，一个衣柜用六七种木材很正常。只要实木材料超过30%，有商家就会打着“实木家具”的招牌卖。比如橱柜和衣柜，只要门板是实木，都被称为实木橱柜和实木衣柜，家具更是如此，只要桌脚、扶手是实木，也都标注为实木。但是，这样标注为“实木”，而实际仅为部分实木的家具，售价可高出成本的几倍以上。笔者在家具市场调查发现，“六成实木说”确实是目前家具行业的公认“潜规则”。据某品牌营销部负责人介绍，目前市场上称的“实木家具”分为两种：一种是100%的全实木家具；另一种就是“行规实木家具”，即家具里有60%左右的材质为实木，其余40%为复合、强化等人工合成材质，而这种实木家具大多打着实木、全实木、环保实木、纯木、原木等五花八门的名号，负责任的店员会如实告知家具中使用的材料和成分，而部分偷奸耍滑的商家不仅不主动告知，还会遮遮掩掩，无形中扩大实木的范畴，在价格和质量上侵犯消费者的知情权。建议消费者如果需要购买的是无人造板材质的完全实木制作家具，一定要在购买时与销售人员确认并且在合同中注明“100%全实木”。

十四、新国标规定，实木超过 70% 才能称实木家具

在2009年5月1日之前，实木家具的界定标准确实很模糊，一般认为是有实木制作的家具就可以称为“实木家具”，这就导致了家具市场出现“只要有块实木就可以按实木家具卖”的混乱情况。据质检部门相关负责人介绍，自2009年5月1日，新版《木家具通用技术条件》正式实施，首次严格明确了“实木类家具”“人造板类家具”“综合类木家具”“全实木家具”“实木家具”以及“实木贴面家具”的具体定义。根据国家质量监督检验检疫总局和国家标准化管理委员会共同发布的《木家具通用技术条件》，家具构件必须达到70%以上的实木标准才能称其为实木家具。一些商家所说的“纯实木家具”“原木家具”“环保实木家具”，国家标准中没有提及，不属于规范提法，消费者需要特别留意其中的文字游戏。

根据2001年国家颁布的强制性标准GB5296.6-2004《消费品使用说明第6部分：家

具》规定，出售的家具必须具备使用说明，家具名称必须反映真实属性，并符合相应国家标准或行业标准规定，使用说明必须对国家有关要求和指标给予说明，并对家具所用材料、涂料实际含有的有毒物质或放射性等控制指标给予说明等。

如商家无法提供产品使用说明，应要求商家在销售合同中备注家具的木材使用品种和部位，消费者在定做家具时要有主动签订合同的意识，并在合同中细化家具的样式、板材的材质、规格、五金件的质量等。另外，在签订合同前，消费者最好能查阅相关资料，或者找熟悉情况的朋友陪同，确保自己做到心中有数，即便是以后家具发生质量问题也能更好地维护自己的合法权益。

十五、使用香樟木家具需注意的问题

香樟木有异香，又能防虫，常被用来做成柜、箱、橱等家具存放衣物。但专家提醒香樟木家具也有一些使用禁忌。香樟木挥发出的气体含有樟脑等有机物成分，对人的胃肠道黏膜有刺激作用，一旦被人吸入体内，就会产生水溶性代谢产物——氧化樟脑，具有明显的强心、升压作用，樟脑制剂也因此一度被应用于强心药。

所以，把香樟木家具放在卧室，会影响睡眠质量，让人兴奋甚至失眠。尤其在不通风的卧室里，问题更严重。同时，樟木家具散发出的芳香气味，还可能引发头晕、浑身无力、恶心、呕吐等症状。

此外，樟脑还具有活血化淤、抗早孕的作用，孕妇如果长期与樟木家具接触，容易流产，婴幼儿若长期受到樟木气味的刺激，也会出现不良反应。专家提醒，为了安全起见，最好将香樟木家具摆放在透气通风处。

十六、收藏柴木家具的“三宜”和“三忌”

越来越多的人将目光锁定在柴木家具的收藏。柴木家具毕竟与红木家具不同，因为它是一种大众化的日用家具，虽然其中有的家具也许在审美情趣上较多地体现着明式家具的遗韵，但是在木料材质、制作工艺、经济价值等诸方面，良莠高下的差别极大。因此，广大购买者，特别是没有古典家具知识的朋友，在选购柴木家具时更应避免盲目。作者认为柴木家具收藏有“三忌”与“三宜”应该注意。

忌俗而宜雅。购买柴木家具首先应明确的是看重它的古典韵味与艺术风格。因为，从数量上看，柴木家具的使用范围很大，所体现出的完美程度相对于黄花梨、紫檀木等红木旧家具低很多。所以，在挑选柴木家具时，抱定较高的审美标准显得极为重要。关键还是经典和美观两个方面。经典指的是家具的品类和样式要体现和焕发出明式家具特有的风格。

比如，一件条桌或画案，如果在做工和结构上与明式黄花梨的同类作品极为相似，或者是圆包圆的腿掌，或者是一腿三牙的结构等，就会比稀奇古怪、不伦不类的样式有收藏意义得多。再比如椅类，在柴木家具中存在着大批式样俗气的实物，所以，大家要把目光放到明式经典的四出头、南官帽、灯挂椅、交椅等样式上来。而且，上述品类的椅具因为式样经典，其做工都会讲究，木质也会较优，多为榉木、榆木、核桃木等。美观是指家具绝不是越旧越好，而应是能带给我们强烈的审美趣味才行。特别是今天好多的购买者选购柴木家具的目的是在家中使用和陈设，因此，如果家具粗陋不堪，即使年代很久，也不应花钱将它搬回家。

忌大而宜巧。因为今天的家居环境与古时的家居环境相比已发生了根本的变化，随着居室室高的降低，面积的缩小，很多古典家具已不适于在今天的环境中陈设使用。比如，我们在一间通常十四五平方米的居室中，很难像古人那样摆上大大笨笨的顶箱柜、架子床；在一间开间三四米的客厅里，摆上又宽又长且满是雕刻的大山西条案只会使你的房间变得拥塞不堪。因此，在选购柴木家具时一般的家庭是不应往家搬那些大块头的家具的。从切实的功用出发，我们更应该多关注一些精雅小巧的柴木家具。

比如小花架、香几、小琴桌、小条案、面条柜、小方角柜、小画桌、亮格书架等。这些家具体积都不大，但是均具备很好的陈设性和实用性，摆在家中都会起到烘托氛围的效果。从对柴木家具的木质特点和制作特性上考虑，柴木家具与红木家具一个不容忽视的区别就是前者为大众家具，而后者为小众家具，因此，柴木家具的制作水平从整体上讲是不能与黄花梨、紫檀木、红酸枝木等的质量相比的。而相对来说，小巧的家具往往更小众一点，因此，它的用材和制造也就会更优秀，自然其审美的价值也会高很多。有经验的人，对柴木家具每有精品所获，十有八九都是文人书房中的秀巧之品。

忌多而宜精。今人对古典家具的喜爱，更多是精神生活提高后对品位与美的向往。因此，一切都应以恰到好处为标准，切莫过犹而不及。选购柴木家具时，一味贪多而不考量自家整体风格和具体容量，会令家里显得拥塞而暗淡。

十七、柚木和柚木家具简介

民国家具的整体走向是西洋化，红木材质与中国纹样或多或少地贯穿了当时家具的主要风格，然而，在洋为中用的整体氛围下，有一类家具显然始终坚持了全盘西化的思路，它就是柚木家具。而今提起柚木，大抵想到的是柚木地板、柚木简欧家具。许多人会认为当今柚木家具的兴起主要是在国内的核心都市。然而，当我们将时间拉回至20世纪初，在租界地，柚木家具已作为流行风向标而备受追捧。与红木材质的民国家具不同，用柚木制作的民国家具几乎都遵循了拿来主义的原则，对西洋家具的原样照搬为民国柚木家具披上了浓厚的异域色彩。在欧洲，柚木家具源起何时，经多方查证尚未找到确切的答案，相关文章大多也只是用了“皇室身份象征”“博物馆珍藏”等词笼统带过。虽然柚木家具的源头尚无从考证，但柚木在其他方面的应用历史却相对清晰。据学者考证，郑和下西洋所驾船的船体主要用杉木和柚木制造而成的。由于柚木收缩性小，即使经过海水侵蚀和阳光暴晒也不会开裂变形，因此，柚木是钢材诞生前造船的最佳材料，闻名世界的泰坦尼克号上的甲板也是用柚木制作的，打捞出来的部分至今仍保存完好。除造船外，露天建筑和桥梁也是柚木大显身手的好地方。长达两公里的缅甸道德湖情人桥，就是用柚木建造的，历经数百年而不朽。为什么柚木会拥有如此“特殊”的性质？以下就对其木性略加分析。

柚木，一种产自热带的高大阔叶乔木，树高30~40m，胸径1~1.5m，多生长于海拔700~800m以下的低山丘陵和平原，主产国为缅甸、泰国、印尼和老挝。由于用手揉搓叶片后，会出现血红色汁液且难以清洗，故又得名胭脂树或血树。

树皮褐色或灰色，叶对生，卵形或椭圆形，秋季开花，花白色，芳香；其芯材呈黄褐色或褐色，久则呈暗褐色，有时带深色条纹，边材浅黄或浅白色，芯边材区别明显；干缩系数小，干缩率从生材至气干径向2.2%，弦向4.0%，是木材中变形系数最小的一种；木材重量中等，气干密度0.64g/cm^{3}左右，强度低至中；有特殊香气，可驱除虫蚁。

柚木的油性很强，据老木匠介绍，由于油性大，从柚木上刨下来的刨花呈球状，如果用砂纸打磨，砂纸很容易被油“腻”住，加工时也较难切削。但正因如此，柚木家具在使用过程中会逐渐产生一层光亮的包浆，历经岁月磨砺之后甚至会产生如老红木家具般的润泽感。

柚木家具中，欧式家具最多。欧洲的柚木家具大体可分为两种——全柚木家具和柚木贴皮家具。民国柚木家具基本为全柚木制作。关于柚木家具在民国时期的盛行，除文化影响外，与地理位置也有着密不可分的关系。

相对于遥远的欧洲，中国距离东南亚诸国的距离要近得多，加之中国自古就有从这些地方进口木材的传统，故而运输渠道十分畅通，一旦发出新的木材需求信号，产地国能迅速做出反应，以满足国内市场的需求。同时，由于省去了长途跋涉的种种艰辛，柚木进入国内和运到欧洲的成本是大不相同的，似乎在欧洲人看来，在中国制作柚木家具很划算。一时间，柚木和红木成为了民国家具高档用材的两个代表。据悉，当时一套家具以柚木或红木制作，其售价是基本相当的。民国时期，柚木家具数量最多的城市当数天津，九国租界为这种洋派家具提供了深厚的生存土壤。

最后，在谈及民国柚木家具时还必须注意一点，那就是民国时关于柚木家具的定义是广泛的，并非专指用柚木制作的家具。甚至一些用核桃木、榉木、榆木制作的西洋家具，都被当时的中国人统称为“柚木家具”。

十八、古典柴木家具漫谈

在中国家具史上，明代有了黄花梨家具，清代盛行紫檀，且黄花梨及紫檀大多是官选，制作工艺和艺术价值代表了明清时期最高峰，故榉木家具只能做为考察明清时期家具行业时的辅助参考。而苏作家具在中国古典家具历史中的价值在于向世人展示了家具的制作工艺及艺术性。

柴木家具这个词据王世襄先生回忆，在民国时期，京城修家具的木工用这个词特指紫檀、黄花梨等硬木、红木之外的那些木制家具，也就是我们现在经常能见到的用榆木、榉木、柏木、楠木、楸木、柚木、核桃木等材料制作的家具。木匠们当年叫“柴木”，无非是那个时期柴木木材多，这些国产木材遍地都是，不值钱，跟柴火差不多，现在来说，完全就成了一种蔑称。

受西方文化影响，现时卖家具的商家把柴木家具称为“软木家具”或“杂木家具”。长江以南的家具商家把柴木家具叫“白木家具”，这种称谓倒是有历史，也多少有些道理，柴木大多数在刚刨开的时候色泽都很浅，称白木，挺形象。

柴木家具是中国古典家具的主流，因为从明代万历年开始才大量生产黄花梨家具，清代大量生产紫檀木家具，由此可见红木在中国家具的古代历史长河中仅仅是一瞬间，正如故宫古典家具专家胡德生先生所言：“硬木家具是中国古代

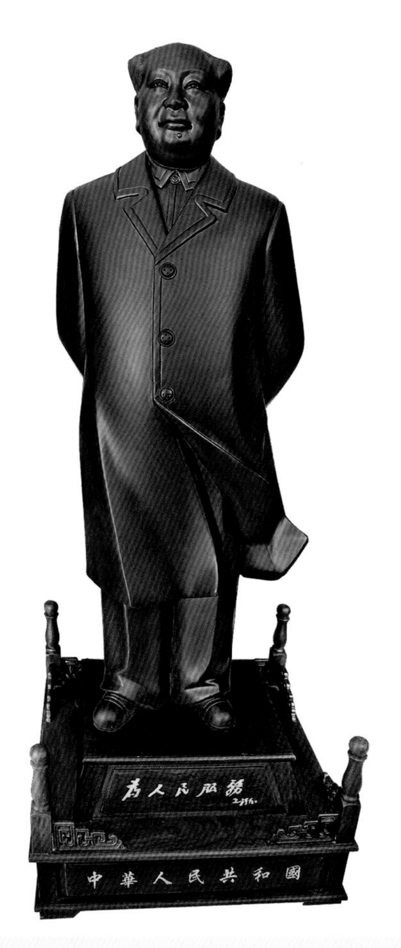

褐榄仁毛主席像（高 200cm），目前市场参考价 7500~9500 元

古典家具的一个小分支。”胡先生这个判断是很客观的，在明万历之前，古人也用紫檀木、黄花梨，只是数量很小，没有成为主流家具，比如日本正仓院就收藏有唐代中国制造的紫檀木嵌百宝围棋盘。

柴木家具大致分为晋作、苏作、京作和广作。晋作指以山西家具为代表的北方家具；苏作是指以苏州东山、西山榉木家具为代表的南方家具；京作是指在京城皇宫造办处制作的家具。

柴木家具的表面装饰有漆，有镶嵌，有木本色，有上色，装饰手段丰富。山西柴木家具之所以成为代表，是因为山西在古代比较闭塞，加之山西气候干燥，使得大量古代家具完整地保存了下来，元明清三代的家具现在都可以在山西家具中找到。现在要研究明代万历之前的家具就必须要研究山西家具，这项研究的意义在于向世人展示硬木、红木家具出现之前中国古典家具是什么样子。现在市面上流行的黄花梨家具并不是中国古代的主流家具，那么主流家具是什么样子的呢？去看看山西家具就知道了。遗憾的是，山西柴木家具珍贵但是山西人并不珍惜，如今在山西已经很难找到像样的山西家具了，为什么呢？因为山西家具被河北的家具商家收购之后卖到了北京、广东、香港、台湾及海外。至今，山西人也拿不出一本像样的山西家具图册，倒是台湾人陈仁毅，香港人马克乐出过几本不错的柴木家具图册。2000年之前，山西家具是河北人卖，广东人买(之后卖到海外)；2000年之后，山西家具是河北人卖、北京人买，大势基本如此。2005~2012年期间，是国内生产柴木家具的一个小高峰。

苏作家具，这里指苏作柴木家具，比如榉木、柏木家具，年份相对较晚，大约都是黄花梨家具大量出现之后的家具，所以我们在看榉木家具的时候常常会误认为是黄花梨家具。这两种材质的家具外形、气质很像，这不奇怪，因为黄花梨家具最初的产生就在苏州。黄花梨家具最初的使用者是中下层的小吏和暴发户。当年黄花梨家具大量生产有个很重要的原因，黄花梨家具不需要复杂的油漆工艺，这大大降低了生产成本，而大大提高了生产效率，这是当年中下层小吏、暴发户钟情黄花梨家具的一个因素，它比漆家具便宜。随着时间的推移，上流社会的文人注意到了黄花梨的木纹、色泽，从而使中国古典家具的大树上生长出了一枝硬木、红木家具。苏作榉木家具的价值在于它们像黄花梨家具，买不起黄花梨家具，买件榉木家具也是不错的，有胜于无的选择。再者榉木色泽典雅，制成家具以后放在家里很漂亮，不像京作家具那样破破烂烂的显得杂乱。在中国家具史上，有了黄花梨家具，榉木家具的艺术性只剩下参考价值。南方气候潮湿，这使得明代家具在南方的留存极其稀少，更不要说明代以前的家具了。

京作家具特指在北京做的那些家具。当然工匠来自苏州、广东，也有北京本地的。京作家具有宫廷的味道，毕竟天子脚下，造办处出个什么新花样，民间多少也能知道些，更不用说造办处为皇帝，皇族制作的那些独特的家具了。

广作家具一直以硬木、红木为主，以柴木为辅，这与广州在明清两代都是重要的进口海关有直接联系。广州工匠善于使用紫檀、红酸枝木，而且广作家具用料大，也与广州是硬木、红木进口地，材料充裕有关。而苏作家具用料就很吝啬，这与南方人的精打细算、材料匮乏有关。

十六种柴木原木的中文名、俗称、产地及价格参考表

序号	中文名	俗称	产地	价格（万元）/m³
1	柚木	泰柚、瓦城柚木、腊戌柚木、老柚木	缅甸、老挝、泰国、印度尼西亚和尼日利亚	0.3~4.5
2	榆木	榆树、春榆、白榆、家榆等	中国、朝鲜、俄罗斯、蒙古国等	0.25~0.45
3	核桃木	胡桃木、万岁子、长寿果等	中国云南、陕西、四川、贵州、新疆及西北大部分地区	0.35~0.55
4	楠木	金丝楠、黑心楠、黄心楠、白心楠、金丝柚	缅甸北部和中国南方诸省均有分布	0.4~4.5
5	楸木	梓木、梓桐、金丝楸、水桐	中国山东、山西、陕西、湖南、广西、贵州	0.65~0.95
6	榉木	大叶榉、椐木、椇木、南榆	中国安徽、云南、广西、江苏、浙江、安徽	0.40~0.55
7	香樟	樟树、樟木、芳樟树、油樟、乌樟	中国福建、江西、广东、云南和缅甸北部等	0.25~0.35
8	柞木	蒙栎、柞栎、柞树	中国北方地区，俄罗斯、蒙古国、朝鲜	0.25~0.45
9	柏木	香柏、柏树、桧木、扁柏、藏柏	东南亚靠北部地区和中国江西、湖南、湖北、贵州、云南、四川、西藏等地	0.8~1.3
10	红椿	红楝子、赤昨工、双翅香椿	中国安徽、福建、广东、广西、湖南、云南	0.30~0.45
11	枫木	二球悬铃木、英国梧桐	北美洲、欧洲、非洲北部、亚洲东部和中部	0.35~0.55
12	红豆杉	红豆树、观音杉	缅甸北部和中国云南、西藏、四川、浙江、福建、广西	1.5~6
13	香榧木	榧木、香榧、玉榧	缅甸北部，中国云南西南部及浙江诸暨等地	1.8~7
14	桦木	桦桃木、樱桃木、西南桦、西北桦	缅甸北部和中国云南南部、广东	0.25~0.65
15	褐榄仁	乌木、黑木、黑檀、黑紫檀	印度、马来西亚、越南、老挝、菲律宾、缅甸，太平洋诸岛和中国云南靠近缅甸的地区也有分布	0.25~0.45
16	橡胶木	三叶橡胶、巴西橡胶	原产巴西；广泛栽培于亚洲热带地区	0.15~0.25

参考文献

[1] 郭喜良、冉俊祥.《进口木材原色图鉴》.上海：上海科学技术出版社.

[2] 海凌超、徐峰.《红木与名贵硬木家具用材鉴赏》.北京：化学工业出版社.

[3] 胡德生.《明清家具鉴藏》.山西：山西教育出版社.

[4] 中华古玩网

[5] 济南社区网

[6] 中国家具网